これで使える QGIS入門

地図データの入手から編集・印刷まで

金 徳謙 Deokkyum Kim

Introduction to QGIS : Becoming a GIS User

ナカニシヤ出版

まえがき

わたしの専門は観光学です。従来は観光地や観光者の行動を調べるため、紙の地図を持ってフィールドにでかけ、調査を行っていました。しかし、近年はGISやインターネット、GPS、スマートフォンなどのソフトやデジタル機器を利用することで、短時間で調査をすませることができ、高度な分析も簡単にできるようになりました。大学の授業でも、学生たちが地域調査に用いる道具としてGISを利用できるよう、GISをはじめとしたソフトやデジタル機器など、一連の道具の操作スキルを基礎から教えています。GISソフトは、無償でユーザーインターフェースもわかりやすいQGISを用いています。

QGISの指南書は増えていますが、その多くで内容を理解するために一定の知識が求められるか、理系の人向けの書き方になっている傾向があります。そこで筆者は人文社会系の初学者でもわかるような指南書があってもいいと思うようになりました。

本書では難しい概念の説明を必要最小限に抑え、また難しい表現も避け、人文社会系のQGIS初学者でもわかるように、筆者の勤務する大学のある広島県および広島市を事例に操作手順の説明を心がけました。他の県や市についても事例地を変えるだけで学習できると思います。第1部では、GISとはなにか、GISでなにができるのか、GISで使うデータの特徴を取りあげ説明します。第2部では、QGISをダウンロードしてインストールするまでの手順を解説します。また、実際に利用するデータを政府系サイトからダウンロードし、表示・編集による表現や必要な地図につくり直す手順を解説します。第3部では、分かりやすく説得力ある地図づくりに向け、地図はもちろん、その他のデータを利用した表現法を取りあげ解説します。最後に、WYSIWYG対応ソフトでないQGISで、印刷や他形式のファイルとして出力する、アウトプットについて解説します。本書のねらいは、①必要な地図をつくり直すこと、②わかりやすく説得力ある地図をつくること、③各種方法でアウトプットできること、に集約できます。

最後になりますが、近年多くの人がGISの有用性を認めるようになりました。しかし、GISの学習を試みるものの、途中であきらめてしまう人が多いようです。本書では主にQGISの学習を途中であきらめた読者、これからGISを学ぼうとする読者、QGISの操作スキルを確実に身に付けたい読者を対象に、解説を進めていきます。

目　次

第3部　発展編　データの取得と編集

第4部　表現編　高度な表現と印刷

図目次

表目次

第1部　基礎編　GIS を知る

第1部では、GIS にはじめてふれる読者にも理解できるよう、位置情報をもつ地図データの特徴をはじめ、GIS を使うために欠かせない基礎知識を取りあげ解説します。

GIS の歴史や GIS の今後についてふれ、空間情報とはなにか、楕円形の地球を平面の地図に表現するための考え方、また、GIS で取りあつかうデータについて解説します。

I GISを知る

GISとは、緯度・経度・高度やxyz座標で指定できる位置データ（地図）に、数字や文字、画像などさまざまな役に立つデータを結びつけてコンピュータ上で重ね合わせ、データを解析したり、加工し視覚的にわかりやすく地図上に示す高度な分析をしたり、場所を特定できる位置データとさまざまな統計データを関連づけ、分析を行う高度な技術のことです。

かつてはGISは一部の専門分野での利用に限られていましたが、コンピュータの性能向上や低価格化などにより、最近では行政やビジネスの現場、個人の生活などまで活用範囲が広がっています。もはやGISはデータの整理・解析において必要不可欠な手法となりつつあります。

1. GISの歴史

GISの歴史は、実際の応用のための実務的レベルから始まり、学術的な応用はそのあとからつづいています。1960年代前半、カナダのロジャー・トムリンソンは土地資源の管理のため、収集したデータの保存、分析に利用するためのシステムを開発し、CGIS（Canadian Geographic Information System）と名付けました。後日、開発者トムリンソンはGISの父とよばれるようになりました。当時のGISは機能的に現在のものと比べても劣らないものでしたが、コンピュータの性能やその他解決すべき問題が数多くあり、普及に至りませんでした。1970年代に米国では、統計局で国勢調査のデータの管理のため、DIME（Dual Independent Map Encoding）が開発されました。その後、コンピュータの進歩により、GISは普及し今日に至っています。

一方、学術面では1987年国際学術誌*International Journal of Geographical Information System*が創刊され、研究が本格化することになり、1988年にはカリフォルニア大学が中心となってNCGIA（National Center for Geographic Information and Analysis）が設立されました。その後、1991年に全米の50大学が参加するUCGIS（University Consortium for Geographic Information Science）が結成され、GISはSystemからScienceに大きく進化することになりました。つまり、GISは単なるコンピュータ上のシステムから進化し、地表面上の情報の収集やデータベースの構築・管理をしたり、あるいはそれらを空間的に分析し可視化したり、情報の管理や分析のための汎用的な方法として位置づけされるまでに進化しました。

日本では、2007年の「地理空間情報活用推進基本法」の成立につづき、2008年に「地理空間情報活用推進基本計画」が実施されました。このように日本でも、地理空間情報に関する制度の強化や計画の実施を行うなど、地理空間情報の整備を進めており、だれでも地理空間情報を活用できる社会に変化しつつあります。

2．GISは道具のひとつ

（1）GISでできること

GISを利用する際にもっとも難しい作業は、デジタルマップ（Digital Map）やデジタル地形図（DEM：Digital Elevation Model）のような地図データを作成することです。2007年の関連法の成立や2008年の基本計画の実施後、これらのデータは国土地理院により整備され、無償または安価で提供されるようになりました。これによりGISはより身近な道具になってきました。

さらに、コンピュータ性能の向上や無償で提供されるフリーGISソフトの充実により、GISは専門家だけの占有物ではなく、個人が簡単に利用できる道具に変わりつつあります。例えば、GISは資源管理、土地利用計画、ハザードマップの製作、市場調査、人間や動物の行動分析、カーナビゲーションを含む目的地までの最短経路の検索など、いわゆる地球にかかわりをもつ多くの分野において非常に有効な調査分析の道具として利用されています。

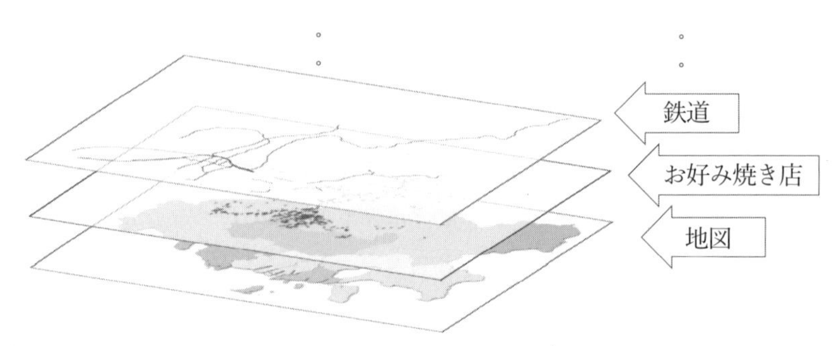

図1－1　GISで取りあつかうデータ

GIS でできることは、具体的につぎの３点にまとめることができます。

１点目は、入・出力ができることです。地図情報を点（お好み焼き店など）・線（広島市内の道路や鉄道、バスルートなど）・面（地図や地形図など）として数値データ化し、必要な処理を行い、その結果を出力できる点です（図Ｉ−１参照）。

２点目は、データベースであることです。地図とその他のデータをまとめて一元管理することで、地図からも、その他のデータからも検索ができる点です。

３点目は、解析ができることです。入力した複数の異なるデータを複合的に検索・統合し、その結果から新しいデータを生成できる点です。

（２）GIS はさらに普及する

GIS はコンピュータの性能向上やソフトの充実により、これまでと比べて簡単に利用できるようになりつつありますが、一般人にとって GIS を利用することは、まだまだハードルが高いといえます。

車が登場したばかりのときを考えてみましょう。車を運転できるのは一部の限られた人でしたが、車の普及とともに車を運転することは特別なことではなくなりました。逆に、いまは車の運転ができないことが珍しい時代になりました。また、運転免許をとる目的は、車の運転を仕事にするためではなく、車を道具として利用するためへと、変化しました。車という道具が使えるようになることで、仕事の効率が上がります、また、遊びの範囲が飛躍的に広がります。このように道具を手に入れることで、それまでできなかったことができるようになります。

GIS は今後さらに普及し、近い将来に GIS を使うことも特別なことではなく、当たり前になるときがくるでしょう。なぜなら、GIS も車同様、緯度・経度や高度など地球にかかわりをもつことをその他のデータと組み合わせ、さまざまなことを効率よく調べることができる便利な道具だからです。

すでに GIS はマーケティング分野で活用されており、GIS マーケティングという領域を構築しつつあります。また、農業分野における生産性向上や広域農業における生産管理・肥料などの購入に関連する資材管理、工業部門においても同様な応用が活用されています。さらに、最近話題になっているドローンや自動運転車の活用にも、実は GIS は欠かせません。このように GIS の応用分野は幅広く、理系分野のみならず文系分野での応用も今後一般的なことになっていくでしょう。外国人観光客の急増で注目されている観光分野においても、地域の観光資源の管理や、来訪者の行動分析、観光業におけるマーケティング、観光政策の策定における意思決定ツールとしての機能など、応用分野が多岐にわたることはいうまでもありません。

さらにいうと、近年ビッグデータや AI といわれる大量のデータを短時間で分析する技術が注目されていますが、大量のデータを場所という概念から分析するためには GIS は欠かせません。今後も AI の成長はつづくと考えられ、GIS は今後さらに普及していくといえます。

位置表示とデータ

1．位置表示

ご存じのとおり地球は楕円球形であり、紙の地図やパソコン上でみる地図のような２次元平面上のものではありません。そのため、立体、つまり３次元のものである地球を紙面やパソコンの画面（GIS）のような２次元上に表示するには、いくつかの工夫が必要です。

１点目に、地球の形を決める必要があります。いわゆる楕円体の選定です。地球を平面上に表示するため、さまざまな表現方法が提案されてきています。そのなかでどの方式を取り入れるのかを決めることです。

２点目に、地球をどの方向からみて２次元上に写し出すのかを決める必要があります。いわゆる、投影法を決めることです。

最後に、２次元上に表示する際に必要となる座標を決めることです。例えば、緯度と経度による表現および、メートルやマイルなどの距離による表現があります。いわゆる、座標系を決めることです。

前者の場合、経度は英国のグリニッジ天文台を、緯度は赤道を起点（０度）にして細かい長方形に区分し、平面に表示しています。後者は分割された長方形（地域）を基準点から２次元（x、y）座標で表現します。日本では、全国を19の投影座標系に分割した平面直角座標系という方式が多く使われています。

2．測地系と座標系

測地系とは、地球上の位置を緯度・経度および標高をもつ座標系で表すための基準のことで、日本測地系と世界測地系があります。

日本測地系は、明治時代に採用され、日本の緯度・経度の原点となった東京天文台の緯度・経度を基準とするものです。人工衛星などにより地球の観測ができるようになった今日では、日本測地系は地球全体に適合した測地系ではなくなりました。人工衛星などからの観測により明らかになった正確な地球の姿にあわせ、国際的に策定した世界測地系が登場しました。日本では2002年4月1日以降、日本測地系から世界測地系（JGD2000）に移行することになりました。

東日本大震災による東北地方を中心とする東日本における大規模な地殻変動が生じました。これをきっかけに、測量法施行令改正による世界測地系2011（JGD2011）に移行しました。JGD2000とJGD2011で、西日本と北海道においては以前のものと変わりませんが、東日本においては多少のズレが生じます。また、同一測地系を使用するためには国土地理院が提供する変換ツール（PatchJGD）を使用し補正することができます。本書では、西日本地域における影響はほとんどないため、従来のJGD2000をベースに解説していきます。なお、測地系の変換（PatchJGDの使用法）についての解説は割愛します。

一方、座標系とは、投影された地図の場所を実際の場所とどう関連づけるのかを定義づけるためのもので、緯度・経度による地理座標系と、球状の地球を平面に投影する方法による投影座標系があります。地球を経度により60等分し、それぞれに座標を設定したUTM（Universal Transverse Mercator）座標系[(1)]と、日本国土を19分割した日本独自の平面直角座標系などがあります（図Ⅱ-1参照）。これらの座標系はCRS（Coordinate Reference System）ともよばれます。原理を解説しようとするとかえって難しくなりますので、簡単に仕組みについてのみふれることにします。本書ではGISに慣れていくことに重点をおき、解説していきます。

（1）UTM座標系

UTM座標系とは、地球の表面（360°）を、赤道帯上を基準に6°の経度帯ごとに分けたものに、1～60までの番号をつけて作成した（投影した）座標系のことです。本書では難しい概念的なことについての説明は割愛します。

わかりやすく説明すると、UTM座標系の番号は、経度180°のところからスタートし、反時計方向に順に番号をつけたものです。さらにわかりやすくいうと、地球をバナナの皮をむくように、6°ごとに皮をむいていくことです。

では、広島市を例にUTM座標系を計算してみましょう。

広島市（ここでは広島市役所を基準点とします）の経度は東経132.455258ですので、30

（1） 本書では、概念的なことを理解してもらうことが目的ですので、簡単な説明ですませました。そのため、細かいところに齟齬する箇所もあります。ここでは、UTM座標系についての詳しい説明は割愛します。日本では、一部の場合を除きUTM座標系は使用されておらず、かわりに平面直角座標系が多く使われています。

（＝西経180÷６°）＋22（＝東経132°÷６°）＝52を超えるところに当たります。そのため、UTMは52＋１（そのつぎ）番目となり、UTM53になります。このように経度がわかれば、その場所のUTM番号がわかります。さらに、地球の北半球をNに、南半球をSに、区分してあるので、地球の北半球を60個に、南半球を60個に分けています。したがって、広島市のUTM座標系はUTM53Nとなります。

それぞれのUTM番号の部分を地図と実際の場所を関連づけして使うことになります。平面上の計算、例えば、距離の計算や面積の計算などを行う際には、UTM座標系を使う必要があります。しかし、日本では一部の場合を除き、UTM座標系にかわり、次節で解説する平面直角座標系が使われています。

（２）平面直角座標系

前節で解説したUTM座標系は多くの国で使われています。日本でも使われていますが、一般的には平面直角座標系が使われています。平面直角座標系は日本独自の座標系で、他の国では使われていません。日本のみを取りあげる場合には、平面直角座標系でも問題が生じることはありません。平面直角座標系は、日本全国を19の区域に分けたものです。各県における系番号は表II－1のとおりです。本書では、平面直角座標系についての説明も、UTM座標系と同様に割愛します。よく使う平面直角座標系は覚えておけば良いでしょう。なお、必要なら国土地理院が提供する平面直角座標系（測量法に基づき定めたもの）を参照してください。参考に、URLはhttp://www.gsi.go.jp/LAW/heimencho.

資料：国土地理院より引用

図II－1　平面直角座標系

表Ⅱ－１　平面直角座標系

系番号	座標系原点の経緯度		適用区域
	経度（東経）	緯度（北緯）	
I	129度30分０秒0000	33度０分０秒0000	長崎県鹿児島県のうち北方北緯32度南方北緯27度西方東経128度18分東方東経130度を境界線とする区域内（奄美群島は東経130度13分までを含む。）にあるすべての島、小島、環礁及び岩礁
II	131度０分０秒0000	33度０分０秒0000	福岡県　佐賀県　熊本県　大分県　宮崎県　鹿児島県（I系に規定する区域を除く。）
III	132度10分０秒0000	36度０分０秒0000	山口県　島根県　広島県
IV	133度30分０秒0000	33度０分０秒0000	香川県　愛媛県　徳島県　高知県
V	134度20分０秒0000	36度０分０秒0000	兵庫県　鳥取県　岡山県
VI	136度０分０秒0000	36度０分０秒0000	京都府　大阪府　福井県　滋賀県　三重県　奈良県　和歌山県
VII	137度10分０秒0000	36度０分０秒0000	石川県　富山県　岐阜県　愛知県
VIII	138度30分０秒0000	36度０分０秒0000	新潟県　長野県　山梨県　静岡県
IX	139度50分０秒0000	36度０分０秒0000	東京都（XIV系、XVIII系及びXIX系に規定する区域を除く。）福島県　栃木県　茨城県　埼玉県　千葉県　群馬県　神奈川県
X	140度50分０秒0000	40度０分０秒0000	青森県　秋田県　山形県　岩手県　宮城県
XI	140度15分０秒0000	44度０分０秒0000	小樽市　函館市　伊達市　北斗市　北海道後志総合振興局の所管区域　北海道胆振総合振興局の所管区域のうち豊浦町、壮瞥町及び洞爺湖町　北海道渡島総合振興局の所管区域　北海道檜山振興局の所管区域
XII	142度15分０秒0000	44度０分０秒0000	北海道（XI系及びXIII系に規定する区域を除く。）
XIII	144度15分０秒0000	44度０分０秒0000	北見市　帯広市　釧路市　網走市　根室市　北海道オホーツク総合振興局の所管区域のうち美幌町、津別町、斜里町、清里町、小清水町、訓子府町、置戸町、佐呂間町及び大空町　北海道十勝総合振興局の所管区域　北海道釧路総合振興局の所管区域　北海道根室振興局の所管区域
XIV	142度０分０秒0000	26度０分０秒0000	東京都のうち北緯28度から南であり、かつ東経140度30分から東であり東経143度から西である区域
XV	127度30分０秒0000	26度０分０秒0000	沖縄県のうち東経126度から東であり、かつ東経130度から西である区域
XVI	124度０分０秒0000	26度０分０秒0000	沖縄県のうち東経126度から西である区域
XVII	131度０分０秒0000	26度０分０秒0000	沖縄県のうち東経130度から東である区域
XVIII	136度０分０秒0000	20度０分０秒0000	東京都のうち北緯28度から南であり、かつ東経140度30分から西である区域
XIX	154度０分０秒0000	26度０分０秒0000	東京都のうち北緯28度から南であり、かつ東経143度から東である区域

備考

座標系は、地点の座標値が次の条件に従ってガウスの等角投影法によって表示されるように設けるものとする。

1．座標系のX軸は、座標系原点において子午線に一致する軸とし、真北に向う値を正とし、座標系のY軸は、座標系原点において座標系のX軸に直交する軸とし、真東に向う値を正とする。

2．座標系のX軸上における縮尺係数は、0.9999とする。

3．座標系原点の座標値は、次のとおりとする。

X＝0.000メートル　Y＝0.000メートル

資料：https://www.gsi.go.jp/LAW/heimencho.html より引用

htmlです。

（3）EPSGコード

QGISでは座標系（CRS）の設定にSRIDコードが用いられています。SRIDとは、空間参照系（Spatial Reference System）がわかるように整理した識別コードのことで、EPSG（European Petroleum Survey Group）によりつくられたものです。そのため、EPSGコードともよばれます。例えば、EPSG4612はJGD2000（測地系）緯度経度（地理座標系）を、EPSG2445はJGD2000（測地系）平面直角座標系（投影座標系）をさすコードです。

3．GISで使うデータ

前述しましたが、GISには緯度・経度・高度やx、y、z座標で指定できる点・線・面となる位置（地図）データをベースに、これらのデータに関連づけた数字や文字、画像などさまざまな形式のデータを用いることができます。例えば、国勢調査の統計データや、観光地の特徴などの説明文、観光地の案内図や画像、飛行機や人工衛星から撮影された空撮画像などさまざまな形式のものを複合的に利用することができます。

地図として取りあつかえるものは点・線・面の3種類のみですが、これらに関連づけて使えるデータは統計データをはじめ文字や画像など多岐にわたり、GISの活用分野は広範囲に及びます。

（1）データの形式

GISで利用できるデータは大きくいって、ベクタ（Vector）データとラスタ（Raster）データに二分できます。前者は、始点と終点の座標とその2点をつなぐ数値で表した情報、例えば、曲線であれば曲がり方、太さ、色、線に囲まれた面の色、これらの変化の仕方などをもとに、コンピュータ上で表現する形式のデータです。このため、線分の長さにかかわらずデータの量は同じで、データ量が非常に少ないという特徴をもっています。後者は点の集合によって構成されているデータで、一点一点とすべてがさまざまな情報をもっているので、前者に比べてデータ量が非常に大きくなります。例えば、Windowsの図形の作成・編集ソフト「ペイント」で描く図形などがラスタデータに当たります。また、ラスタデータは構造別に記録形式（フォーマット）が定義されており、bmpやjp(e)g、tif(f)、そのほかにもさまざまな形式のものがあります。

簡単にいえば、ベクタデータは、図形を拡大しても図II－2（a）のようにギザギザに

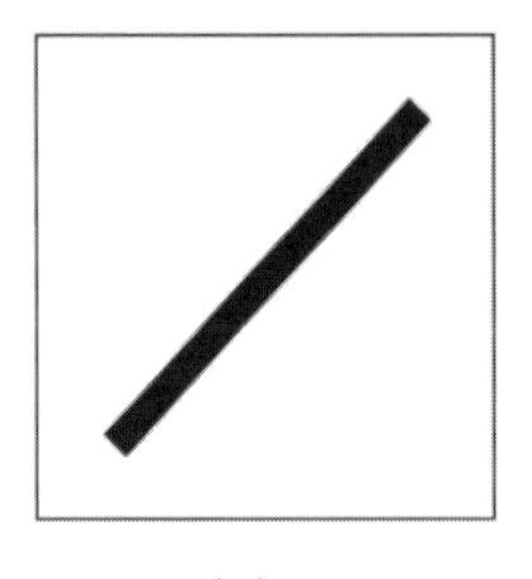

(a) ベクタデータ

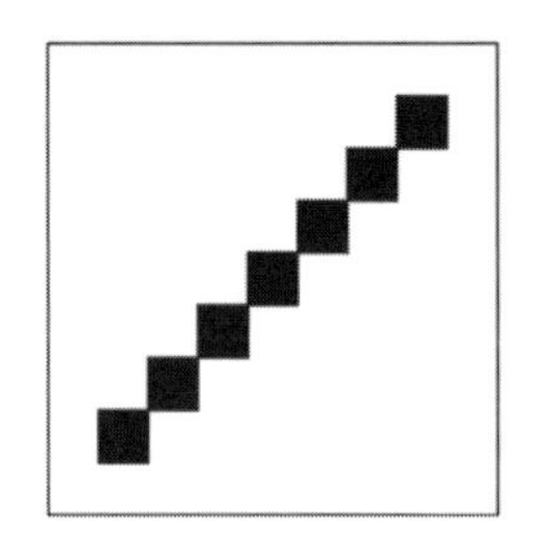

(b) ラスタデータ

図Ⅱ－2　データの形式

なりません。これに対してラスタデータは、図形を拡大すると図形が図Ⅱ－2（b）のようにギザギザになり、さらに拡大すると原型の分別がつかなくなります。また、データの大きさはベクタデータが小さく、ラスタデータは、図形が大きくなればなるほどデータ量が増加し、大きくなります。しかし、前者の場合、写真など複雑な図形をもつデータの再編などでは処理が追いつかず、処理に非常に時間がかかる場合があります。このように両者には長所と短所があるため、両者の特徴をよく理解したうえ、適切なものを選択し利用することが重要です。

（2）地図データ

1）特徴

GISは一般に大量のデータを取り扱います。さらに、複数の表形式のデータファイル（例えば、表Ⅱ－2のようなもの）をつなぎ合わせて分析するのが一般的な利用法です。このように同時に複数のデータファイルを使うという意味で、GISはリレーショナルデータベース(2)の一種ともいえます。このほか、GISのもっとも大きな特徴は位置情報をもつことといえます。GISで取りあつかう地図データはデータの種別にかかわらず位置情報に加え、属性データをもちます。さらに、必要に応じて複数のデータファイルを関連づけて利用することができるのです。このことからGISは位置情報付きデータベースといえ、複雑な分析ができる特徴をもちます。

GISの地図データには、図Ⅱ－3左側の‘地図データ’でみるように点・線・面の３種

（2） 簡単に説明すると、表計算ソフトの場合、１枚のシートにデータを記入して利用するのに対し、リレーショナルデータベースは、ことばどおり複数のファイルに散在するデータをつなぎ合わせて利用します。この方法により、取りあつかえるデータが膨大な量に増えること、効率よく管理や運用ができることなどのメリットがあります。そのため、取りあつかうデータ量が多い場合、よく使われるデータベースの形式です。

表II－2　データファイル

	A	B	C	D
1	storename	tel	postal code	address
684	お好み***	082-927-****	731-****	広島県広島市佐伯区五日***********
685	お好み***	082-924-****	731-****	広島県広島市佐伯区*********
686	お好み***	082-923-****	731-****	広島県広島市佐伯区五日市***********
687	お好み焼****	082-922-****	731-****	広島県広島市佐伯区五**********
688	お好み焼き*****	0829-86-****	738-****	広島県広島市佐伯区湯来***********
689	お好み焼・*****	082-929-****	731-****	広島県広島市佐伯区八幡***********
690	お好み***	082-924-****	731-****	広島県広島市佐伯区五**********
691	海老園お****	082-921-****	731-****	広島県広島市佐伯区海老***********
692	和*	082-941-****	731-****	広島県広島市佐伯区五**********
693	一*	082-923-****	731-****	広島県広島市佐伯区五**********
694	かた**	082-928-****	731-****	広島県広島市佐伯区美**********
695	仔*	082-922-****	731-****	広島県広島市佐伯区楽**********
696	こと**	0829-85-****	738-****	広島県広島市佐伯区湯**********
697	さく**	082-924-****	731-****	広島県広島市佐伯区*********
698	サンゼフー*****	082-927-****	731-****	広島県広島市佐伯区*********
699	しょ**	082-921-****	731-****	広島県広島市佐伯********
700	たくちゃんザ・*******	082-929-****	731-****	広島県広島市佐伯区*********
701	たこやき大*****	082-923-****	731-****	広島県広島市佐伯区*********
702	田の久***	082-921-****	731-****	広島県広島市佐伯区五**********
703	Ｔａｎ***	082-533-****	731-****	広島県広島市佐伯区五日***********
704	大八たこや*****	082-923-****	731-****	広島県広島市佐伯区*********
705	鉄板居酒****	082-208-****	731-****	広島県広島市佐伯区五日市***********
706	*	082-941-****	731-****	広島県広島市佐伯区五**********
707	二代目***	082-208-****	731-****	広島県広島市佐伯区石**********
708	仁*	082-927-****	731-****	広島県広島市佐伯区*********
709	はちめん広*****	082-922-****	731-****	広島県広島市佐伯区*********
710	ふくちゃんお******	0829-86-****	738-****	広島県広島市佐伯********
711	ボ*	082-928-****	731-****	広島県広島市佐伯区五**********
712	むじゃき****	082-926-****	731-****	広島県広島市佐伯区美**********
713	楽*	082-924-****	731-****	広島県広島市佐伯区五日市中*************

類があり、順にポイント（Point）・ライン（Line）・ポリゴン（Polygon）ともいいます。これらのデータは図II－3左側でみるように座標（位置情報）をもっていますが、パソコンの裏側での演算に使われるだけで画面上には処理結果のみが表示されます。これに加えて、図II－3右側の‘属性データ’には該当位置がもつ各種データをもたせることができます。GISファイルはこのように‘地図データ’と‘属性データ’を同時にもっています。

2）ファイルの構成

GISで使うデータは、ESRI社（ArcGIS）のファイル形式がもっとも普及しており、

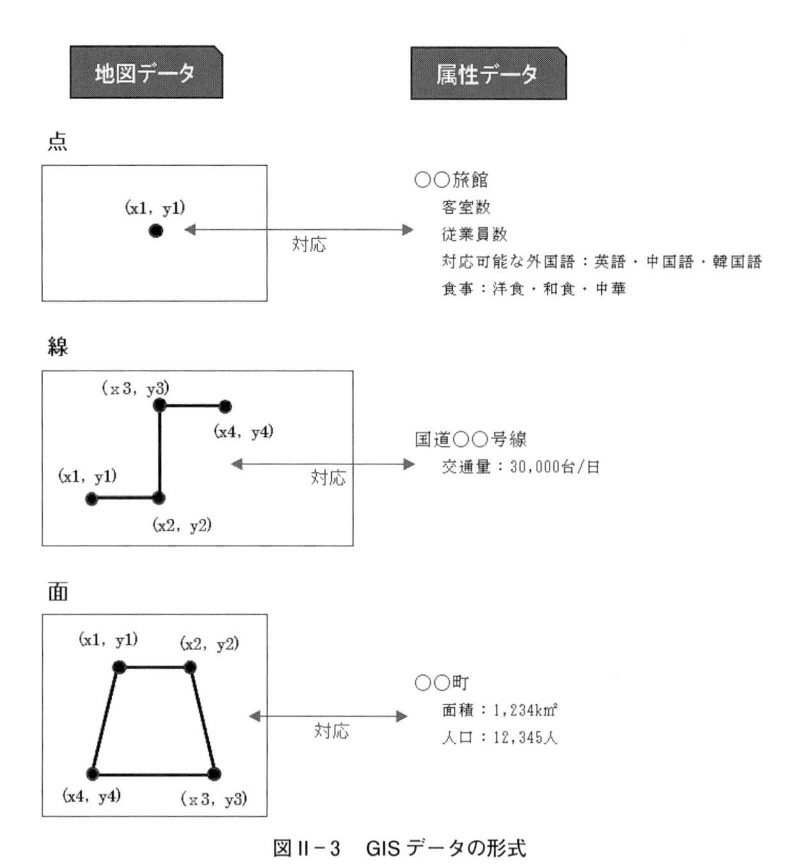

図Ⅱ－3　GIS データの形式

GIS ファイル形式のグローバルスタンダードといえます。日本でも公共機関が提供する GIS データにこの形式が使われています。

私たちが日常的に使用するワードプロセッサーや表計算ソフトは、ワードファイル（○○○.docx）やエクセルファイル（○○○.xlsx）のようなファイル形式になっており、ひとつのファイルで構成されています。しかし、GIS を利用するためには、「○○○.shp」、「○○○.dbf」、「○○○.prj」と、「○○○.shx」のようにそれぞれ異なる役割をもつ、少なくとも拡張子(3)が異なる4つのファイルがひとつのセットで構成されています（3つの場合もある。脚注4参照）。

shp ファイルは図形の座標情報を、dbf ファイルは属性情報を、prj(4)ファイルは地図の表示に関連する投影法に関する情報を、また shx ファイルは shp ファイルと dbf ファイ

（3）　ファイル名は「○○○（個人がつける箇所）」と「.」、「docx」（拡張子という）のように最初から該当ソフトにより割り当てられるもので構成されています。汎用性が高いソフトの場合にはファイル名の拡張子をみるだけでどのソフトのファイルかわかります。

ルの対応関係に関する情報をもつファイルで、これらのファイルがすべて揃わないと使用できない場合があります。少なくとも shp、dbf、shx の３つのファイルが揃わないと GIS ソフトは起動しません。このほかのファイルがない場合は、新たにつくられたり、特定機能が表示されなかったりしますが、GIS そのものは起動します。

このように GIS には必要に応じて新たなファイルが自動的につくられ、ファイルの数が増えていく特徴があります。GIS ファイルを他人に提供する際には、ファイルひとつだけではなく関連するファイルすべてをまとめて提供しなければいけません。この点、とくに注意が必要です。

3）ファイル名の形式

地図データを利用する際、ダウンロードして使うだけではなく、自分で作成することもできます。自分でファイルを作成する際、ファイル名の付け方に注意すべき点があります。

shp ファイルの属性情報が格納されている dbf ファイルは、カラム名、つまりフィールド名が半角10文字（具体的には、全角だと Shift-JIS で５文字、UTF−８で３文字[(5)]まで）という制限があります。csv 形式のファイルにはこういう制限がありませんが、ファイルの結合（ジョイント）を行い、shp ファイルに書き出した時にエラーになったり、フィールド名が全部同じ名称になったりします。このようなトラブルを回避するために、あらかじめ dbf ファイルの仕様にあわせてファイル名をつけます。

4）CSV 形式

csv とは Comma Separated Values の頭文字をとったもので、図II−４のように複数のフィールドをカンマで区切ったテキストデータの形式をさします。このようなファイルを csv ファイルといいます[(6)]。中身はテキストファイルなので Windows OS 付属ソフトの「メモ帳」で開くことができますが、「エクセル」など表計算ソフトで開くこともでき、表II−２のようにカンマで区切った内容が各セルに振り分けられます。図II−４と表II−２の

（４） prj ファイルは、shp、dbf、shx で構成された GIS ファイルを最初に開く際、存在しない場合 CRS の指定が求められ、この指定により新しくつくられる CRS 情報をもつファイルです。なかには使用する CRS の種類が記録されており、ワードやメモ帳などのソフトでも閲覧できます。CRS は利用者の環境により異なるため、公共機関が提供するファイルの場合、この prj ファイルが含まれていないことが多くあります。

（５） Shift-JIS や UTF−８はコンピュータに文字を表示するための形式のことで、文字コードといいます。前者は Windows OS で使われているもので、後者は多言語の表示ができる、いわゆる unicode というものです。本書は Windows OS を使う場合を前提にしているので、ファイル名は半角英数字10文字、または全角５文字以内と覚えておいてください。

```
 1 storename,tel,postal_code,address
 2 お好**,082-871-****,731-****,広島県広島市安佐南区祇園************
 3 たこ**,082-878-****,731-****,広島県広島市安佐南区**********
 4 徳川／***,082-879-****,731-****,広島県広島市安佐南*********
 5 一*,082-874-****,731-****,広島県広島市安佐南区**********
 6 い*,082-872-****,731-****,広島県広島市安佐南区相***********
 7 おおさ***,082-873-****,731-****,広島県広島市安佐南*********
 8 お好み鉄****,082-239-****,731-****,広島県広島市安佐南*********
 9 お好みハウス******,082-872-****,731-****,広島県広島市安佐南区**********
10 お好みハ****,082-875-****,731-****,広島県広島市安佐南区**********
11 お好みハ****,082-877-****,731-****,広島県広島市安佐南区**********
12 オコノミ****,082-871-****,731-****,広島県広島市安佐南*********
13 お好み***,082-878-****,731-****,広島県広島市安佐南区**********
14 お好み***,082-874-****,731-****,広島県広島市安佐南区山***********
15 お好み***,082-849-****,731-****,広島県広島市安佐南区**********
16 お好み***,082-848-****,731-****,広島県広島市安佐南区**********
17 お好み焼****,082-811-****,731-****,広島県広島市安佐南区**********
18 お好み***,082-875-****,731-****,広島県広島市安佐南区祇***********
19 お好み***,082-299-****,731-****,広島県広島市安佐南*********
20 お好み***,082-871-****,731-****,広島県広島市安佐南区**********
21 お好焼き****,082-870-****,731-****,広島県広島市安佐南*********
22 お好み焼き*****,082-848-****,731-****,広島県広島市安佐南*********
23 お好み焼き鉄板*******,082-846-****,731-****,広島県広島市安佐南*********
24 お好み焼き*****,082-875-****,731-****,広島県広島市安佐南区山本************
25 お好み焼・*****,082-877-****,731-****,広島県広島市安佐南区**********
26 お好み***,082-872-****,731-****,広島県広島市安佐南区上***********
```

図Ⅱ－4　CSV データの一例

内容は、データの番号や内容をみるとわかりますが、同じものです。しかし、見た目は別物のようで、図Ⅱ－4は人にはわかりづらいですが、GIS などパソコンのソフトにとって処理しやすいファイルの種類といえます。

csv 形式のファイルはファイルのサイズが小さく、大量のデータを取りあつかうデータベースファイルとして使われています。後述しますが、GIS でもポイントデータや各種統計データなどを取りあつかう際、この形式を利用します。

（6） csv 形式に類似する形式には、コンマの代わりにタブ（Tab）で区切るもの（tsv 形式ともいう）やセミコロン（；）で区切るもの、これらに加えさらに引用記号（“ ”）でデータを囲んだものなど、さまざまな形式のものが存在します。基本的にはデータを区切って表示する方式なので、本書ではこれらを区分せずすべてを csv ファイルとして取りあつかいます。なお、形式が異なるため、説明が必要な場合にはそのつど説明を加えます。

第2部　準備編　QGIS の導入と設定

第2部では、QGIS の使い方の習得のため、QGIS をダウンロードしインストールすることおよび、実際に QGIS の利用に向けて Google Map や Open Street Map、国土地理院地図などをマップウィンドウの背景にし利用できるようにタイルサーバーの設定を行います。

また、QGIS の各部の名称など、学習に必要な QGIS に関する基本的な約束事についての説明を行います。

III QGIS の導入

1．QGIS の特徴

GIS ソフトには、無償のものから有償のものまでさまざまなものがあります。現在 ArcGIS がもっとも普及しており、ArcGIS のファイル形式は GIS ソフトのファイル形式のグローバルスタンダードといえます。本書で取りあげる QGIS の地図ファイル(7)は shp 形式ですが、この形式は ArcGIS のファイル形式です。いいかえれば、汎用性があるファイル形式です。そのため、QGIS で作成したファイルは、ArcGIS を含む多くの GIS ソフトでそのまま利用できます。逆に ArcGIS で作成したファイルをデフォルトで QGIS 上で閲覧および編集することもできます。

GIS は近年になって普及し始めていることもあり、ソフトの価格はワープロソフトや表計算ソフトのように、一般の人々が簡単に購入できる金額をはるかに超えているといえます。また、GIS ソフトをストレスなく動かすためには高性能なコンピュータが必要です。これらの理由から GIS ソフトは、企業や研究所などで専門的な研究や調査に使う専門家の占有物と認識されてきました。このことは GIS の普及を妨げる理由のひとつに指摘されています。

しかし、近年は個人が使用するパーソナルコンピュータの性能が飛躍的に向上し、一昔前の大型コンピュータの性能を超えるまで進化しているといわれています。その恩恵のひとつは、GIS ソフトが個人用のパーソナルコンピュータでも実用的に使えるまで身近な存在になったことでしょう。このことを背景に、GIS の普及を期待する世界中の有志が提供する無償の GIS ソフトが登場するようになりました。QGIS はそのなかのひとつで、使用

（7） QGIS3.x から GeoPackage という新しい形式のファイルが標準形式（ファイルの拡張子は.gpkg です）になりました。GeoPackage 形式とは、簡単にいえば、複数のレイヤ（データ）など各種設定を含め、ひとつのファイルに束ねて一括管理するものと理解しておけばいいでしょう。この形式は ArcGIS でも取り入れている形式ですが、これまで蓄積された GIS ファイルは shp 形式です。そのため、本書では shp 形式を基本に説明していきます。

図 III－1　QGIS サイトのトップページ

するパソコンの OS を問わず利用できるのが特徴です。

現時点で、Windows、Mac OS、Linux 系、BSD 系および Android で利用できるソフトが提供されており、多種の OS で使える便利な GIS ソフトともいえます。図 III－1 は QGIS のウェブサイトのトップページを、図 III－2 は QGIS のダウンロードページを示したものです。このページは頻繁にアップデートされています。定期的にサイトを閲覧、確認し、必要なら新しいバージョンにアップデートすることをお勧めします。

QGIS のファイルがもっとも普及している ArcGIS のファイルと互換性をもっていることは前述のとおりですが、QGIS は操作性においても細かいところを除けば ArcGIS によく似ています。ArcGIS を使った経験がある人にとって、QGIS の操作性は直感的に理解できるほどわかりやすいといえます。このことから、QGIS は ArcGIS にしかない一部の高度な分析ツールを除き、ArcGIS にかわる代替 GIS ソフトであるといえるでしょう。また、QGIS は、世界中の有志により開発、提供される高度な分析ツールの「プラグイン」という必要な時追加できるソフトをインストールし、カスタマイズすることも簡単にできます。

本書では、パソコン OS の種別を問わず利用できる点や、ファイル形式と操作性が ArcGIS によく似ている点、フリーソフトであることから、QGIS を用いて地域を調査する方

図 III－2　QGIS のダウンロードページ

法を実践的に解説していきます。その際、必要なプラグイン機能について導入から利用までの方法を取りあげ解説します。

2．QGIS のインストールと起動

QGIS を利用するためには、QGIS パッケージをダウンロードしパソコンにインストールする必要があります。まず、QGIS の公式日本語サイト(8)にアクセスします。すると、図 III－1(9)のように QGIS サイトであることやフリーソフトであること、寄付を促す表示などの情報が確認できます。

（1）QGIS のダウンロード

図 III－1の左下の「ダウンロードする」をクリックすると、QGIS がダウンロードでき

（8）　http://www.qgis.org/ja/site/
（9）　このサイトは、商用サイトと比べ、頻繁にアップデートされるため、読者のみなさんがアクセスした際、画面と異なるバージョンになっていたり、表示画面が変わっていたりすることがあります。

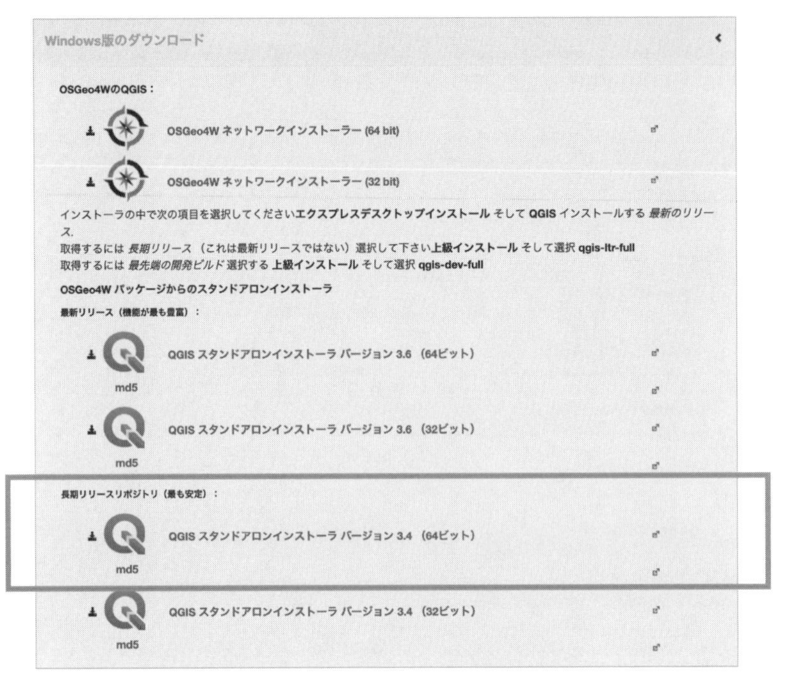

図 III－3　QGIS Windows 版の種類

るページに移動し、図 III－2のような表示を確認できます。QGIS はパソコンで利用されている主な OS に対応しています。もっとも利用者が多い Windows、Unix 系の Mac OS・Linux・BSD、その他スマートフォンやタブレットでおなじみの Android にも対応しています。そのため、使用するパソコンの OS に合うものを選んでダウンロードする必要があります。OS によってはインストール方法が異なり、Windows 版に比べて複雑になる場合があります。本書では、もっとも利用者が多い Windows OS の利用を前提に、解説を進めていきます。

近年 Windows OS は進化しつづけ、Windows 7、Windows8(.1)、Windows10など多種のバージョンが混在しています。それとは別にパソコン内部での情報処理にかかわる32bit 版や64bit 版という規格があります。64bit 版が新しく、同時に多くのデータの処理ができます。そのため、理論的には同じ条件なら後者の処理速度が速いといわれています。Windows OS を使用する場合になりますが、現在使用中のパソコンに QGIS をインストールする際に、この規格を正しく選択する必要があります。32bit 版の Windows OS がインストールされているパソコンに64bit 版用の QGIS をインストールすることはできず、エラーになります。逆に、64bit 版の Windows OS がインストールされているパソコンには、32bit 版用のソフトをインストールすることができます。

そのため、QGISをインストールする前に、現在使っているパソコンのWindows OSが32bit版か64bit版かを確認する必要があります。ここでは詳しく取りあげませんが、Windows 10の場合、現在のOSのバージョンを調べるためには、「ホーム」ボタン→「コントロールパネル」→「システム」の順に進めていきます。これで現在使っているOSのバージョンを確認することができます。確認できない場合やよくわからない場合は、とりあえず32bit版をダウンロードし、インストールすることが無難でしょう。図III－3で確認できるように、Windows版のダウンロードページには最新版および安定版のQGISのなかから32bitか64bitを選んでダウンロードできるようになっています。ここまでの説明を参考に自分のパソコン環境に合うものをダウンロードしましょう。

本書では、最新版より安定性に優れている安定版（本書執筆時のバージョン：3.4x）を用いて解説を進めていきます。

（2）QGISのインストール

QGISのインストールには時間がかかります。とくにパソコンの性能によりインストールにかかる時間が大きく変わります。そのため、パソコン初学者の場合、正常にインストール作業が進んでいるのか、不安を感じるかもしれません。本節ではQGISをダウンロードしたあとのインストール手順を、画面とともに詳細に解説していきます。

ダウンロードしたパッケージファイルをダブルクリックしインストールを開始すると図III－4のようなQGISのセットアップウィザード画面が現れます。画面の指示に従って「次へ」をクリックすると、使用ライセンスに同意するよう図III－5の画面が現れます。「同意する」をクリックし、つぎに進めていくと、図III－6のようにQGISをインストールするフォルダを選ぶ画面が現れます。とくにインストールしたいフォルダが決まっていない場合はなにもせずデフォルトのままで「次へ」をクリックし、つぎに進みます。図III－7のような画面が現れ、インストールするコンポーネントの選択が求められますが、ここではデフォルトのままなにも変えず「インストール」をクリックし、インストール作業をつづけます。インストールが終了するまでパソコンの性能により多少時間がかかる場合がありますが、画面上では図III－8のように、インストールの進行状況を示す緑色バーから進み具合を確認できますので、終了するまでしばらく待ちましょう。

インストールが終わると図III－9のように作業が終了したことを知らせる確認画面が表示されますので、最後に「完了」をクリックしインストール作業を終了します。

パソコンのデスクトップ画面にQGIS 3.4というフォルダが現れます。このフォルダのなかには図III－10のようにいくつかのショートカットアイコンがあります。この確認ができたら、QGISのインストールは無事に完了したことになります。

図 III－4　QGIS のセットアップ

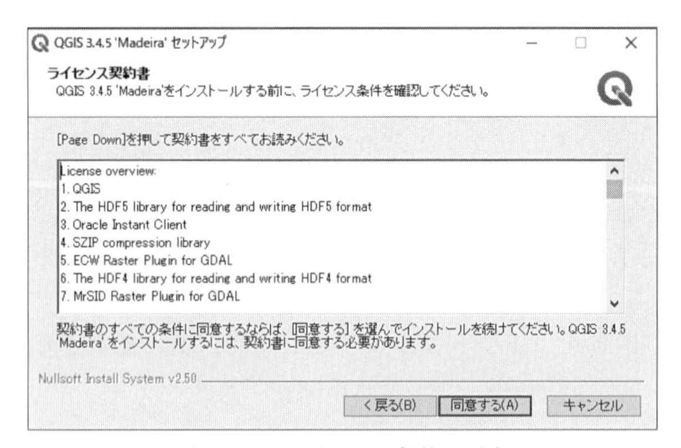

図 III－5　ライセンス契約の同意

QGIS 3.4.5 'Madeira' セットアップ
インストール先を選んでください。
QGIS 3.4.5 'Madeira'をインストールするフォルダを選んでください。
QGIS 3.4.5 'Madeira'を以下のフォルダにインストールします。異なったフォルダにインストールするには、[参照] を押して、別のフォルダを選択してください。続けるには [次へ] をクリックして下さい。
インストール先 フォルダ
C:¥Program Files¥QGIS 3.4
参照(R)...
必要なディスクスペース: 1.9GB
利用可能なディスクスペース: 33.2GB
Nullsoft Install System v2.50
< 戻る(B)
次へ(N) >
キャンセル

図 III－6　インストール先フォルダの設定

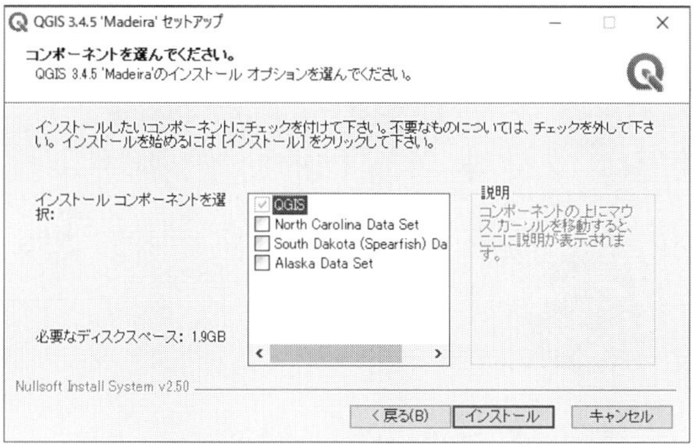

QGIS 3.4.5 'Madeira' セットアップ
コンポーネントを選んでください。
QGIS 3.4.5 'Madeira'のインストール オプションを選んでください。
インストールしたいコンポーネントにチェックを付けて下さい。不要なものについては、チェックを外して下さい。インストールを始めるには [インストール] をクリックして下さい。
インストール コンポーネントを選択:
QGIS
North Carolina Data Set
South Dakota (Spearfish) Da
Alaska Data Set
説明
コンポーネントの上にマウス カーソルを移動すると、ここに説明が表示されます。
必要なディスクスペース: 1.9GB
Nullsoft Install System v2.50
< 戻る(B)
インストール
キャンセル

図 III－7　インストールするコンポーネントの選択

QGIS 3.4.5 'Madeira' セットアップ
インストール
QGIS 3.4.5 'Madeira'をインストールしています。しばらくお待ちください。
抽出: index.js
詳細を表示(D)
Nullsoft Install System v2.50
< 戻る(B)
次へ(N) >
キャンセル

図 III－8　インストール進行状況の確認

QGIS 3.4.5 'Madeira' セットアップ
3.4
Madeira
QGIS 3.4.5 'Madeira' セットアップ ウィザードは完了しました。
QGIS 3.4.5 'Madeira'は、このコンピュータにインストールされました。
ウィザードを閉じるには [完了] を押してください。
< 戻る(B)
完了(F)
キャンセル

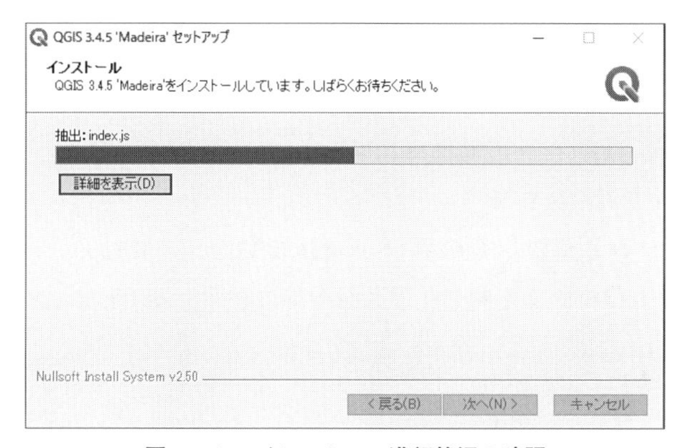

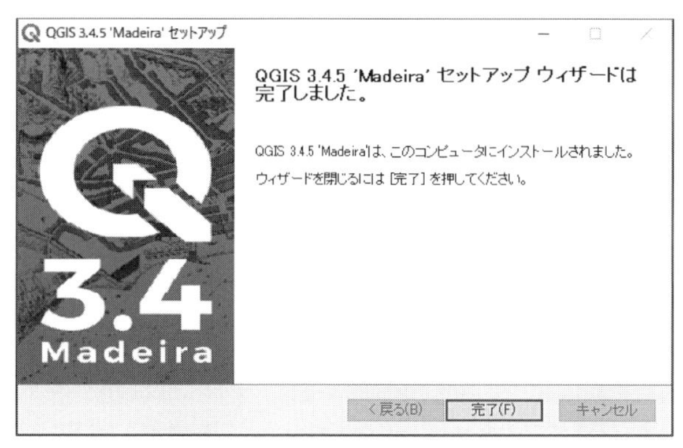

図 III－9　インストール終了の確認

図 III－10　QGIS 3.4フォルダ内のファイルなど

（3）QGISの起動と各部の名称

前節まででインストールが終了したので、QGISを起動してみましょう。

起動には、QGIS Desktop 3.4.5(10)アイコン（図 III－10の丸枠内）をクリックします。QGISが起動する間、パソコンの画面中央に図 III－11のように「QGIS 3.4 Madeira」とQGISのバージョンが表示されます。

QGISが立ち上がると機能紹介の画面が現れますが、必要なら「次回から表示しない(11)」をクリックし紹介画面を閉じ、起動後の待機画面を表示しましょう。

最初に立ち上がったQGISは、図 III－12のようにいくつかの白枠で区切られた画面が表示されるだけです。

ここでは、図 III－12をもとにQGISの解説に用いる各部の名称について説明します。図 III－12で分かるように上部には文字で表示された各機能を選択するメニューがあります。これを本書では、メニューバーおよび、大括弧（[　]）で囲んで表記します。その下にさまざまなアイコンが並んでおり、これらのアイコンをクリックすることでQGISのさまざまな機能が利用できます。本書ではこのアイコンが並んでいるところおよびアイコンのグループをツールバーとよびます。ツールバー内のアイコングループは、ドラッグすることで左右に動かし並び替えることができます。また、画面の上部から左右の縦側に並べ

---

(10)　執筆中もっとも新しいバージョンは図 III－1に示したとおり3.8.0でしたが、安定版と比較し機能的に大きな差はありません。QGISは他の商用ソフトに比べ頻繁に改良が反映されているため、安定性に問題がある場合があります。そのため、もっとも安定性が高いバージョンを利用することをお勧めします。本書でもQGISの最新バージョンは3.8.0ですが、執筆時安定版としての最新版であるバージョン3.4.5を用いて解説していきます。

(11)　この「次回から起動しない」にチェックを入れないと、起動するたびにこの画面が表示されますので、内容を一読してから確認のチェックを入れておきましょう。

図 III－11　QGIS 起動中の表示

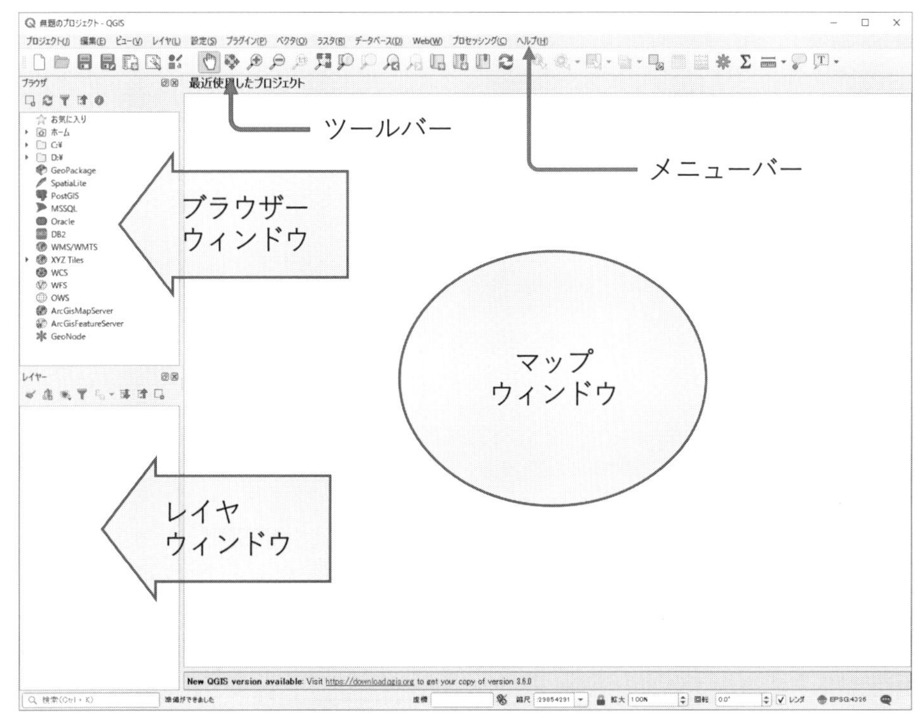

図 III－12　QGIS 各部の名称

ることもでき、ツールバーを自分好みにカスタマイズして使うこともできます。

つぎに、白ベースのいくつかの枠がありますが、左上部にフォルダなどを示すアイコンや文字が縦に並んでいる箇所を本書ではブラウザーウィンドウとよびます。ブラウザーウィンドウの下はレイヤウィンドウとよびます。図 III－12の画面は、QGISが起動したばかりの表示で、使用しているレイヤ(12)（地図やその他のデータなど）がなく空白のままです。

最後に、右側のもっとも大きい白枠はマップウィンドウとよびます。ここはGISの本命ともいえる各種地図や分析の結果図などが表示される空間です。これでひとまず、QGISの主な箇所の説明が終わりました。

3．Tile Serverの設定

本節では、パソコンはもちろんスマートフォーンなどでもお馴染みのデジタルマップ、Google Mapや著作権問題がなく自由に利用できるOpen Street Mapを、QGIS上で利用できるように設定をします。本書ではGoogle Mapなどを、自分で作成し分析したデータの結果を確認したり、重ね合わせて表示したり、またデータを取得したりするために利用します。

これまでQGISでGoogle Mapなどを利用するためにはプラグインパッケージをインストールする必要がありましたが、QGIS 2.18からTile Serverに登録するだけでこれらの機能をQGIS本体に組み込み、利用できるようになりました。本節ではGoogle MapとOpen Street Mapを利用するため、Tile Serverに登録する手順を解説します。

Tile Serverは図III－13のとおり、ブラウザーウィンドウのなかにあります。Tile Server (XYZ) を選択して右クリック→「New Connection…」で、図III－14のようなウィンドウが表示されます。そこに、図III－14のとおり入力し、「OK」をクリックします。つづいて表示されるウィンドウに図III－15のようにXYZ tileの名称を

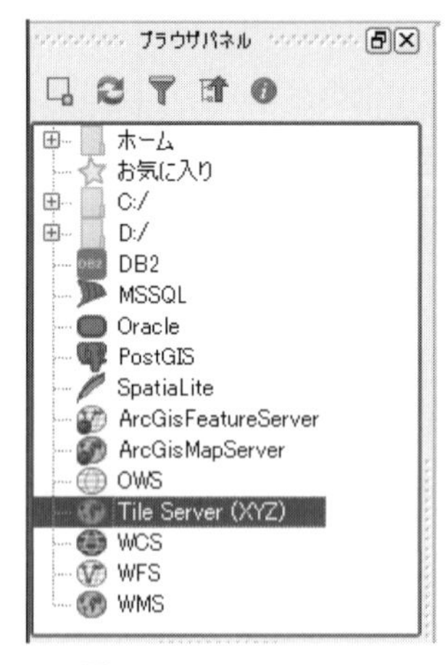

図III－13　Tile Server

図III－14　XYZレイヤURLの追加

(12)　レイヤとは、無色透明で必要に応じてサイズが変わる板と考えてください。GISでは、例えば、行政区分図や道路、建物などの施設、人口などのデータをそれぞれのレイヤに表示して重ね合わせることで、必要なものだけを表示したり、必要なものだけで分析を行ったり、複数のレイヤを組み合わせて表示や分析を行ったりすることができます。

入力し「OK」をクリックすると、図III－16に示したようにTile Serverに入力した名称、Google Mapが表示され、追加されていることがわかります。これでGoogle MapがQGIS本体に組み込まれネイティブで利用できるようになりました。

図III－15　XYZ Tile名称の入力

つぎはOpen Street MapをGoogle Map同様、上記の登録順に従ってサーバーに登録をしていきます。Tile Server URLは以下のとおりです。Open Street MapのURLはGoogle MapのURLとは異なりますので入力の際、打ち間違いのないよう十分注意しましょう。一文字でも打ち間違いがあると作動しません。とくに0とo、1とlのような数字とアルファベットの打ち間違いに注意しましょう。

図III－16　XYZ Tile追加の確認

XYZ Tiles
Google Map (Streets)
Google Satellite Map
Google Terrain Map
OpenStreetMap
地理院地図

図III－17　追加の完了

最後に、国土地理院が提供するデジタルマップもQGISで利用することができます。政府が提供する地図なので、高い信頼度が求められる場面でも利用できます。これまでのGoogle MapやOpen Street Mapと同様、手順に従ってURLなどの打ち間違いに注意しながら登録します。なお、Google Mapシリーズで地形図や衛星写真図が必要なら、上記の登録順に従ってサーバーの登録を行ってください。ここまでの登録でブラウザーウィンドウ内のTile Server（XYZ）には図III－17のとおり、5つのサーバーが登録されていることが確認できます。

設定に必要なTile ServerのURL

・Google Map(Street)：https://mt0.google.com/vt/lyrs=m&hl=en&x={x}&y={y}&z={z}
・Google Satellite：https://mt0.google.com/vt/lyrs=s&hl=en&x={x}&y={y}&z={z}
・Google Terrain：https://mt0.google.com/vt/lyrs=p&hl=en&x={x}&y={y}&z={z}
・OpenStreetMap：http://a.tile.openstreetmap.org/{z}/{x}/{y}.png
・地理院地図：https://cyberjapandata.gsi.go.jp/xyz/std/{z}/{x}/{y}.png

*注意：0は数字、oおよびlはアルファベットです。
なお、すべてのURLはかならず半角で入力します。

これで、Google Map系の3種類の地図とOpen Street Map、国土地理院の地図がQGIS上でネイティブで利用できるようになりました。使い方はとても簡単で、該当サー

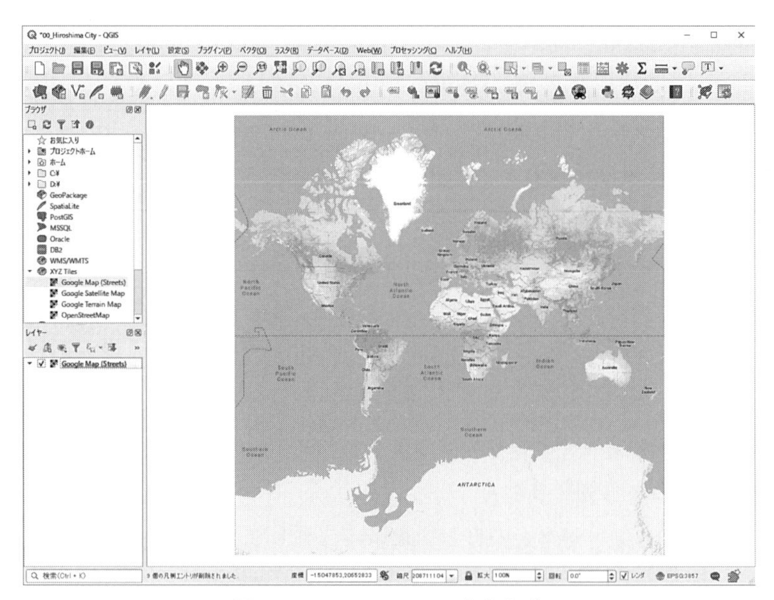

図 III－18　Google Map 立ち上げ

バーをダブルクリック（または、レイヤウィンドウかマップウインドウにドラッグ&ドロップ）するとGoogle Mapが立ち上がり、図 III－18のようにマップウィンドウに表示されます。

なお、これらのTile Serverを使うためには、パソコンがインターネットにつながっている必要があります。

第３部　発展編　データの取得と編集

第３部では、政府系サイトからデータをダウンロードし地図をつなぎ合わせたり、必要な部分だけを切り取ったりして自分好みの地図をつくる、いわゆる地図を編集することを取りあげ解説します。

その他、GIS を利用する本来の目的である地図と各種データをつなぎ合わせて利用する、いわゆるリレーショナルデータベース（QGIS では結合という）について解説します。

IV データのダウンロード

GISを利用するために必要なデータは自分で作成するのが理想的といえますが、データを利用できるようになるまで時間がかかるため、効率的ではありません。近年データのデジタル化が進み、政府機関や民間企業、個人などが提供する地図データや、そのほかにも統計データを含む多種多様なデータがインターネット上に存在します。データを自分で作成する前に、インターネットからデータを入手できるか、まず入念に調べることをお勧めします。

政府はGISの普及や活用に向けて、2007年「地理空間情報活用推進基本法」の成立や2008年「地理空間情報活用推進基本計画」の実施など、地理空間情報の整備を進めており、現在関連する省庁がさまざまな地理空間情報を提供するようになりました。そのため、政府機関などが提供するデータをダウンロードし、加工して利用することができます。近年はさまざまなサイトからGISに用いるデータをダウンロードすることができるようになりました。経済的に余裕があるなら、ダウンロードにかかる手間と時間を省けることができる市販のデータを購入し利用することもできます。

現在、政府機関が提供する主なGISデータには、総務省統計局が提供するGIS用統計データ（e-Stat）や、国土交通省国土政策局が提供する国土数値情報ダウンロードサービス、国土地理院が提供する基盤地図情報ダウンロードサービスなどがあります。

本章では、これらのGISデータ提供サイトを取りあげ、各サイトの特徴およびデータのダウンロードから利用までのプロセスを解説します。

1．データ利用に欠かせない「圧縮ファイルの展開」

（1）ファイル形式の理解

インターネットから取得する各種データを利用するためにはファイル形式の理解が必要です。GISのファイルは、複数ファイルが1セットになるため、ファイルを提供する際、確実に1セットに当たる複数のファイルを提供しなければなりません。そこで使われているのが、１セットに当たる複数ファイルをひとつのファイルに圧縮して（まとめて）提供する方法です。圧縮することでファイルのサイズが小さくなり、データのアップロード（提供）やダウンロード（取得）にかかる時間が短くなるメリットもあります。そのため、圧縮ファイルでのやりとりが一般的です。このことからインターネット上のデータを利用するためには、圧縮ファイルについての知識が必要になります。

圧縮ファイルはジップ（zip）ファイルともいわれ、○○○.zip のような形式がもっとも多く使われています(13)。zip ファイルは、複数個のファイルを圧縮しひとつのファイルにまとめたものです。zip ファイルを利用するためには、ファイルを圧縮される前の状態に戻す必要があります。この過程を、「展開する」または「解凍する」といいます。

（２）圧縮ファイルの展開

ここでは、e-Stat でダウンロードしたファイルを事例に解説します。e-Stat からダウンロードしたファイルは、図Ⅳ−１（a）でみるようにファイルの拡張子が zip で、複数のファイルが圧縮されている圧縮ファイルです。

このファイルを、右クリック→［すべて展開（T）…］→「OK」をクリックすると、図Ⅳ−１（b）のようにファイルを閲覧できます。この過程が zip ファイルを展開する過

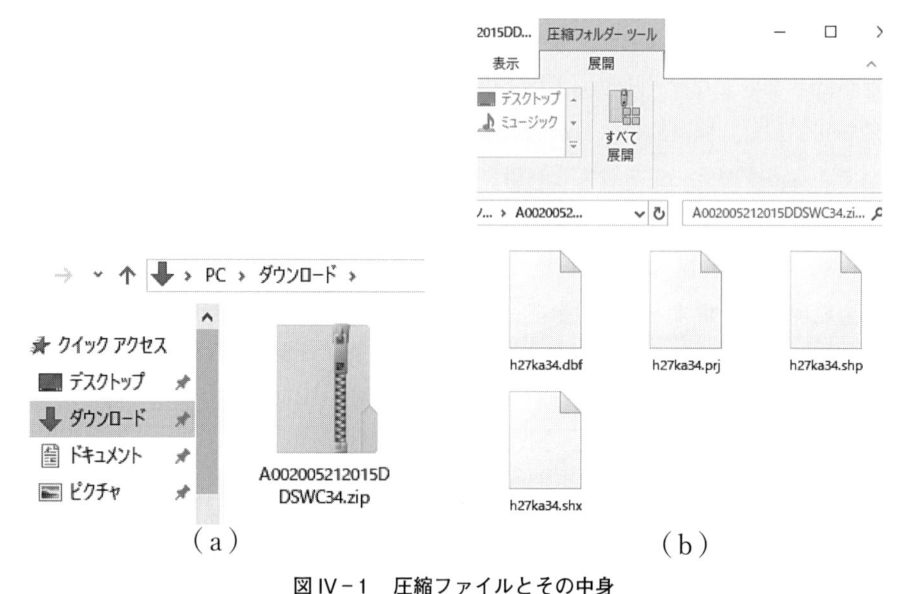

図Ⅳ−１　圧縮ファイルとその中身

(13)　その他の形式のファイルも数多くありますが、政府機関が提供する GIS データファイルのほとんどはこの形式をとっています。本書では zip ファイル以外についての説明は割愛します。

程です。圧縮ファイルを使うためには、必ずこの過程の作業が必要です。

最近の Windows OS には圧縮ファイルを展開しなくても中身を閲覧できる機能があります。このため、とくにパソコン初学者の場合、圧縮ファイルの中身がみえるので展開しなくても（または、展開されたと勘違いし）ファイルを利用できると勘違いしてしまう初歩的なミスを犯すケースが多く見られます。

繰り返しになりますが、圧縮ファイルを利用するためには、展開する作業が必要です。政府機関が提供するファイルは圧縮ファイルになっているので、本節で解説したとおり展開してからでないと利用することはできません。一見使えているようでもつぎの段階に進むことができずエラーになります。

2．e-Stat

（1）ダウンロードできるデータ

e-Stat は、トップページ（https://www.e-stat.go.jp）（図Ⅳ－2参照）に「日本の統計が閲覧できる政府統計ポータルサイトです」とあるように、日本政府が提供する各種統計データの閲覧やダウンロードができる、政府統計のポータルサイトです。

提供されるデータの形式は表形式になっているものが基本ですが、近年のデジタル化の進展により、ダウンロードしたデータをパソコン上で加工せずそのまま利用できる表計算ソフト形式のものや、デジタルマップで利用できる、いわゆる GIS 形式のものがあります。また、API 機能も提供されており、関連知識があれば、データのダウンロードや加工などを自動化および高速化することもできます。

本書では、もっとも一般的な従来の表形式およびデジタルマップで利用できる GIS 形

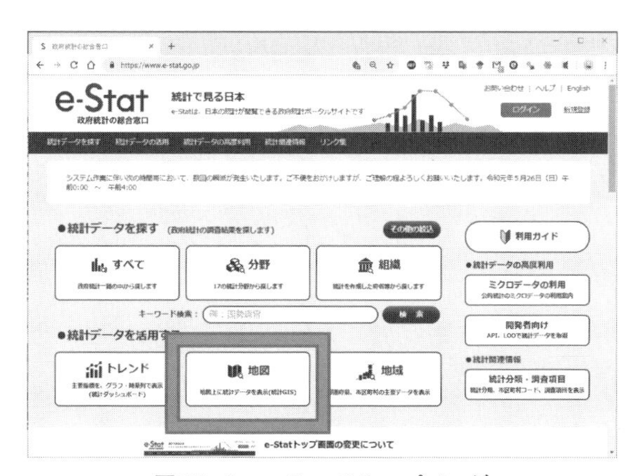

図Ⅳ－2　e-Stat のトップページ

式のデータをダウンロードし利用する方法を取りあげます。

（2）地図データのダウンロード

e-Stat サイトから GIS データをダウンロードするためには、図Ⅳ－2の枠内にある「地図（統計 GIS）」をクリックし図Ⅳ－3を表示します。ここでは Web GIS（統計データをインターネット上でデータを選択し閲覧する機能）を利用したり、統計データや境界データ（行政区分図）をダウンロードしたりすることができます。

まず、「地図で見る統計（jSTAT MAP）」では、データのダウンロードや加工などの作業をせず簡単に統計データや作業の種別を選んで、作業の結果をみることができます。これは Web GIS といわれ、インターネットで e-Stat サイトにつながっている状態なら簡単に利用できます。使い方の説明は割愛しますが、読者の皆さんには GIS を理解するため、サイト内の各機能を一度試してみることをお勧めします。

つぎに、「統計データのダウンロード」では、日常的に目にする表形式の各種統計データがダウンロードできます。これらのデータはデジタルマップと関連づけして利用できるように KEY_CODE というフィールドをもっていることが特徴です。ここで取得できる統計データとマップを関連づけする方法は次節で取りあげます。

最後に、「境界データダウンロード」では、上述の統計データをマップ上で表示・分析するために必要な、統計データがもつ境界（行政区分）図をダウンロードすることができます。このデータだけでも人口など基本統計は利用できますが、より詳細な統計データを利用するためには上述の統計データと合わせて（関連づけして）利用するのが一般的です。

地図データをダウンロードするためには、図Ⅳ－3の「境界データダウンロード」をクリックしつぎに進みます。図Ⅳ－4のとおり、ダウンロードするデータの形式を選択できる画面が表示されます。

選択できる形式には、行政区割りされたままの境界線を表示する小地域の形式と行政地域を考慮せず全国をメッシュ（網の目）で区分したうえ表示するメッシュ形式があります。後者のメッシュ形式は、メッシュの大きさを変えていくつかの種類でデータが提供されています。図Ⅳ－4でわかるように○次メッシュの‘○’の数字が大きくなるほどメッシュのサイズが小さくなります。つまり、詳細なデータになります。

本節では、最初の小地域を取りあげ、ダウンロードし利用することを解説します。メッシュデータについての解説は本書では割愛します。

「小地域」をクリックしつぎに進みむと、図Ⅳ－5のとおりダウンロードするデータを選択する画面が表示されます。e-Stat で提供されるデータ種別の一覧なので、具体的に

図Ⅳ－3　統計 GIS サイト

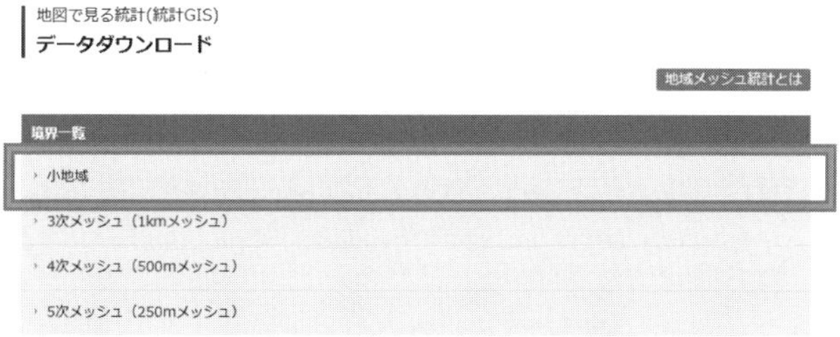

地図で見る統計(統計GIS)
データダウンロード
地域メッシュ統計とは
境界一覧
小地域
3次メッシュ（1kmメッシュ）
4次メッシュ（500mメッシュ）
5次メッシュ（250mメッシュ）

図Ⅳ－4　境界データ形式選択

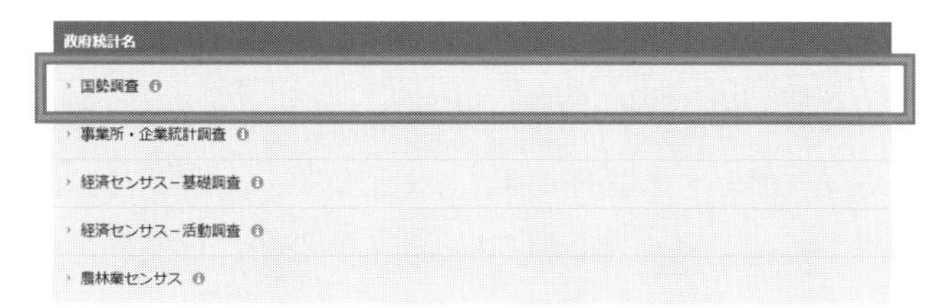

図Ⅳ－5　ダウンロードするデータ種類

図 IV－6　国勢調査データの時期選択

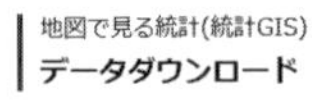

図 IV－7　国勢調査データの範囲選択

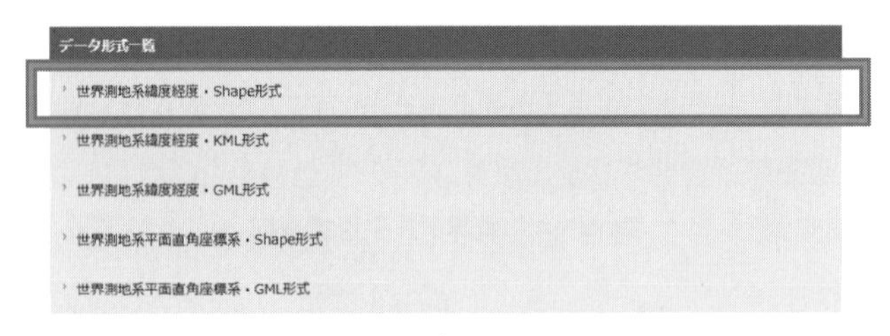

図 IV－8　データ形式一覧

どのようなデータが提供されているのか内容を確認することをお勧めします。

本書では、国勢調査のデータを事例に解説しますので、「国勢調査」をクリックしつぎに進みます。表示された図 IV－6の中からもっとも新しい2015年をクリックしつぎに進み、図 IV－7を表示させます。小地域では町丁・字別の境界区分データが、人口集中地区では人口が集中している場所のみのデータが、提供されていますので、必要に応じて選択します。本書では前者の小地域データをダウンロードしますので小地域をクリックしつぎへ進みます。

図 IV－8のようにダウンロードできるデータの形式一覧が表示されます。GIS で使う地図の CRS やデータの形式を選択します。ここでは、世界測地系・緯度経度形式で、かつ

<< < 1 2 3 > >>　　2/3ページ

地域	公開（更新）日
21 岐阜県	2018-05-14
22 静岡県	2018-05-14
23 愛知県	2018-05-14
24 三重県	2018-05-14
25 滋賀県	2018-05-14
26 京都府	2018-05-14
27 大阪府	2018-05-14
28 兵庫県	2018-05-14
29 奈良県	2018-05-14
30 和歌山県	2018-05-14
31 鳥取県	2018-05-14
32 島根県	2018-05-14
33 岡山県	2018-05-14
34 広島県	2018-05-14
35 山口県	2018-05-14
36 徳島県	2018-05-14
37 香川県	2018-05-14
38 愛媛県	2018-05-14
39 高知県	2018-05-14
40 福岡県	2018-05-14

<< < 1 2 3 > >>　　2/3ページ

図 IV－9　ダウンロード地域（県区分）

ダウンロードしたデータを加工せず、そのまま GIS で利用できる shp 形式を選択します。図 IV－8 を参考に選択、クリックしつぎへ進みます。ここで形式の選択を間違えると、地図の表示ができなかったり、地図が歪んで表示されたりするので、注意が必要です。

データは、全国を都道府県の単位および市（政令指定市は区）単位で提供されます。図 IV－9 をみると、各都道府県名の前に番号がついています。この番号は各都道府県の固有コード（KEY_CODE）です。本書では広島県広島市を事例に進めていきますので、図 IV－9 を参考に広島県を選択しつぎへ進みます。

図 IV－10のとおり、広島県全域をひとつにまとめてダウンロードできるもの（34000）と、市や区の単位で提供されるものがあります。本節では図 IV－10を参考に広島市内のすべての区（34101～34108）のデータをダウンロードします。ダウンロードしたファイルは圧縮ファイルですので、ダウンロードしたすべてのファイル（８つ）を同じフォルダに展開します。図 IV－11のようにたくさんのファイルがあることが確認できます。これで、GIS で使うファイルをダウンロードし展開する過程は終わりました。

最後に、e-Stat が提供する境界データ（地図データ）を利用するためには、ダウンロードしたファイルの各フィールド（項目）の内容を正しく理解する必要があります。フィールド名がなにを意味するのかを知るためには定義書が必要です。図 IV－7 の右側

地域	公開（更新）日	形式
34000 広島県全域	2018-05-14	世界測地系緯度経度・Shape形式
34101 広島市中区	2018-05-14	世界測地系緯度経度・Shape形式
34102 広島市東区	2018-05-14	世界測地系緯度経度・Shape形式
34103 広島市南区	2018-05-14	世界測地系緯度経度・Shape形式
34104 広島市西区	2018-05-14	世界測地系緯度経度・Shape形式
34105 広島市安佐南区	2018-05-14	世界測地系緯度経度・Shape形式
34106 広島市安佐北区	2018-05-14	世界測地系緯度経度・Shape形式
34107 広島市安芸区	2018-05-14	世界測地系緯度経度・Shape形式
34108 広島市佐伯区	2018-05-14	世界測地系緯度経度・Shape形式
34202 呉市	2018-05-14	世界測地系緯度経度・Shape形式
34203 竹原市	2018-05-14	

図Ⅳ－10　ダウンロード地域（小区分）

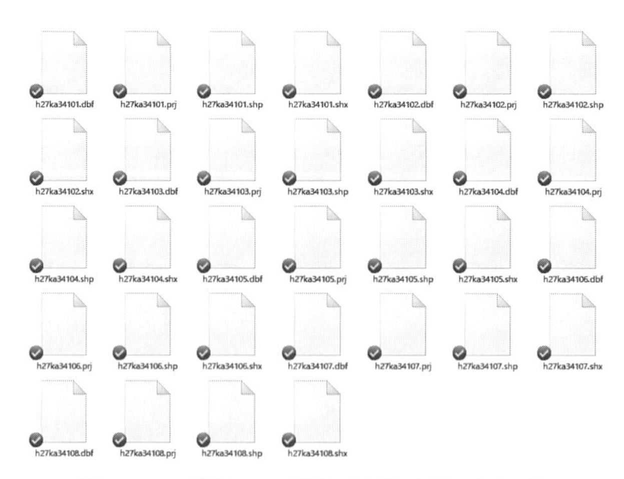

図Ⅳ－11　ダウンロード後に展開したデータの一覧

の「定義書」をクリックしてダウンロードし、必要なフィールドの内容を確認します(14)。定義書には、図Ⅳ－12のとおり英数字のフィールド名の内容がわかりやすく書いてあります。

(14)　定義書はpdf形式のファイルです。閲覧にはAcrobat Readerなど、pdfファイルの閲覧ソフトがインストールされている必要があります。閲覧できない際には各自インストールしてください。Windows 10ではデフォルトとしてpdfファイルの閲覧ソフトにMicrosoft Edgeが設定されています。

平成27年国勢調査町丁・字等別境界データ　データベース定義書

ファイル名【h27kaxx.dbf】（xxは都道府県番号）

No.	フィールド名	項目内容	備　考
1	KEY_CODE	図形と集計データのリンクコード	KEN+KEYCODE2
2	PREF	都道府県番号	
3	CITY	市区町村番号	
4	S_AREA	町字コード+丁目、字などの番号	KIHON1+KIHON2
5	PREF_NAME	都道府県名	1)
6	CITY_NAME	区町村名	1)　CSS_NAME(ない場合はGST_NAME)
7	S_NAME	町丁・字等名称	1)
8	KIGO_E	特殊記号E(町丁・字等重複フラグ)	5)
9	HCODE	分類コード	2)
10	AREA	面積(㎡)	
11	PERIMETER	周辺長(m)	
12	H27KAxx_	内部ID	
13	H27KAxx_ID	外部ID	
14	KEN	都道府県番号	町丁・字等番号
15	KEN_NAME	都道府県名	1)
16	SITYO_NAME	支庁・振興局名	1)
17	GST_NAME	郡市・特別区・政令指定都市名	1)
18	CSS_NAME	区町村名	1)
19	KIHON1	町字コード	
20	DUMMY1	ダミー("-")	
21	KIHON2	丁目、字などの番号	
22	KEYCODE1	マッチング番号	CITY+KIHON1+KIHON2
23	KEYCODE2	町丁・字等別結果マッチング番号	
24	AREA_MAX_F	面積最大フラグ	3)
25	KIGO_D	特殊記号D(飛び地、抜け地フラグ)	4)
26	N_KEN	抜け地県番号	
27	N_CITY	抜け地市区町村番号	
28	KIGO_I	特殊記号I(島フラグ)	6)
29	MOJI	町丁・字等名称	1)
30	KBSUM	基本単位区(調査区)数	7)
31	JINKO	人口	KIGO_Eが付与されている場合は、E1に代表してセットし、En(n≧2)は0(ゼロ)
32	SETAI	世帯数	KIGO_Eが付与されている場合は、E1に代表してセットし、En(n≧2)は0(ゼロ)
33	X_CODE	図形中心点X座標(10進経度)	
34	Y_CODE	図形中心点Y座標(10進緯度)	
35	KCODE1	町丁・字等番号	KIHON1+DUMMY1+KIHON2

1)　文字コード:シフトJIS。左詰め
2)　分類コード(HCODE)
「8101」:町丁・字等
「8154」:水面調査区

図 IV－12　地図データ項目内容

（3）統計データのダウンロード

1）データのダウンロード

図IV－3上枠内の「統計データのダウンロード」からは、政府が提供する各種統計データをダウンロードできます。本節では国勢調査の5歳階級別人口データを例に取りあげます。

前節の地図（境界）データ同様、e-Statのトップページ（図IV－2参照）を開き、下部の枠内の「地図（統計GIS)」をクリックして図IV－3を表示します。つづいて、図IV－3の「統計データのダウンロード」をクリックしつぎへ進みます。図IV－13のとおり、ダウンロードするデータを選択する画面になります。図IV－13①ではサイトでの現在地（階層）を確認できます。図IV－13②と③で、ダウンロードできる統計データの選択ができます。ここでは国勢調査を選択します。

図Ⅳ－13　ダウンロード可能な統計データ

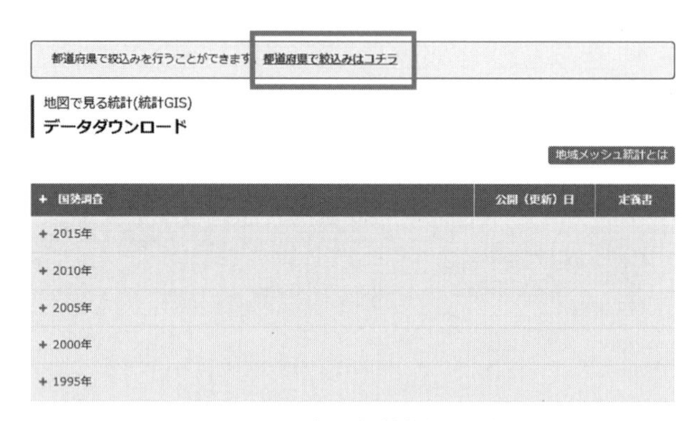

図Ⅳ－14　年・都道府県の選択

選択すると、図Ⅳ－14のとおり、国勢調査データの年の選択ができるようになります。また、上部の枠内には都道府県の選択もできることが分かります。ここでは、最初に都道府県を選びます。

クリックすると、図Ⅳ－15のように都道府県名が表示されますので、「34　広島県」をチェックし選択します。図Ⅳ－16のような画面が表示されますので、図Ⅳ－13～図Ⅳ－15で選択した内容を、左側の下線部から確認します。

つぎに、国勢調査は最も新しいデータをダウンロードしたいので、図Ⅳ－16②から2015年を選択します。図Ⅳ－16①のようなデータ種類を選択するウィンドウが表示されます。ここでは小地域（町丁・字別）を選択します(15)。選択すると、図Ⅳ－17のような

(15)　その他にも町丁・字に影響されないメッシュ形式（Ⅳ.4.(３).1）メッシュデータに詳しい）によるデータもダウンロードできますので、必要に応じで選択を変更します。

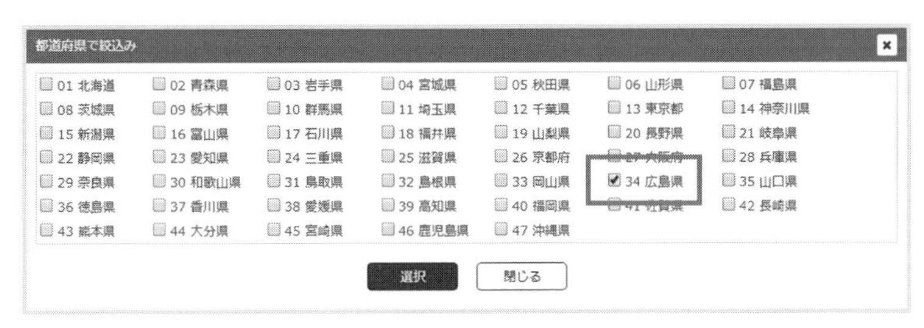

図 IV－15　都道府県の選択

図 IV－16　データ種別の選択

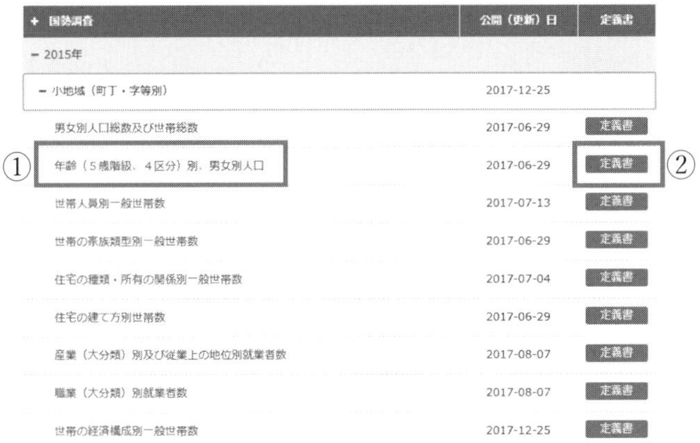

＋ 国勢調査	公開（更新）日	定義書
－ 2015年		
－ 小地域（町丁・字等別）	2017-12-25	
男女別人口総数及び世帯総数	2017-06-29	定義書
① 年齢（5歳階級、4区分）別、男女別人口	2017-06-29	定義書 ②
世帯人員別一般世帯数	2017-07-13	定義書
世帯の家族類型別一般世帯数	2017-06-29	定義書
住宅の種類・所有の関係別一般世帯数	2017-07-04	定義書
住宅の建て方別世帯数	2017-06-29	定義書
産業（大分類）別及び従業上の地位別就業者数	2017-08-07	定義書
職業（大分類）別就業者数	2017-08-07	定義書
世帯の経済構成別一般世帯数	2017-12-25	定義書

図 IV－17　ダウンロードデータの選択

政府統計コード	00200521	
調査年次	2015	
調査日	20151001	
集計単位	町丁・字等	
統計表	1003	
統計表別表	00	
集計表名		平成27年国勢調査　人口等基本集計
統計表名	003-00	年齢(5歳階級)、男女別人口、総年齢及び平均年齢(外国人－特掲)－町丁・字等

連番	階層	項目名
HP用表題	1	年齢(5歳階級、4区分)別、男女別人口
T000849001	2	総数、年齢「不詳」含む
T000849002	2	総数0～4歳
T000849003	2	総数5～9歳
T000849004	2	総数10～14歳
T000849005	2	総数15～19歳
T000849006	2	総数20～24歳
T000849007	2	総数25～29歳
T000849008	2	総数30～34歳
T000849009	2	総数35～39歳
T000849010	2	総数40～44歳
T000849011	2	総数45～49歳
T000849012	2	総数50～54歳
T000849013	2	総数55～59歳
T000849014	2	総数60～64歳
T000849015	2	総数65～69歳
T000849016	2	総数70～74歳
T000849017	2	総数15歳未満
T000849018	2	総数15～64歳
T000849019	2	総数65歳以上
T000849020	2	総数75歳以上
T000849021	2	男の総数、年齢「不詳」含む
T000849022	2	男0～4歳
T000849023	2	男5～9歳
T000849024	2	男10～14歳
T000849025	2	男15～19歳

図 IV－18　定義書の内容

統計表	地域	公開（更新）日	形式
年齢（5歳階級、4区分）別、男女別人口	34 広島県	2017-06-29	CSV

図 IV－19　ダウンロードデータの確定

ウィンドウが表示され、ダウンロードできるデータの種類が確認できます。「年齢（5歳階級、4区分）別、男女別人口」（図 IV－17①）を選択しますが、統計データの項目についての説明を加えた定義書（図 IV－17②）もクリックし、あわせてダウンロードします。

定義書（図 IV－18参照）をみると、統計データの項目名（図 IV－18「連番」）は半角の英数字だけで表記されていることがわかります。項目名が意味するデータを理解するためには、内容についての説明（図 IV－18「項目名」）が必要です。あとから項目名の確認などに使いますのでダウンロードしてデータと一緒に保管しておきます。

最後に、図 IV－17①をクリックしデータのダウンロードに進みます。図 IV－19のように選択されたデータの種別や地域に関する情報が表示されますので、内容を確認してから右端の「CSV」をクリックしデータをダウンロードします。ダウンロードされるファイルは圧縮された、いわゆる zip ファイルです。忘れず解凍（展開）してから使います（IV 章 1.（2）「圧縮ファイルの展開」で詳しく説明しました）。

ダウンロードした統計データファイルの形式は、図 IV－20①でみるように txt 形式（文字と数字だけのファイル）なので、メモ帳でも内容を確認できます。しかし、たくさ

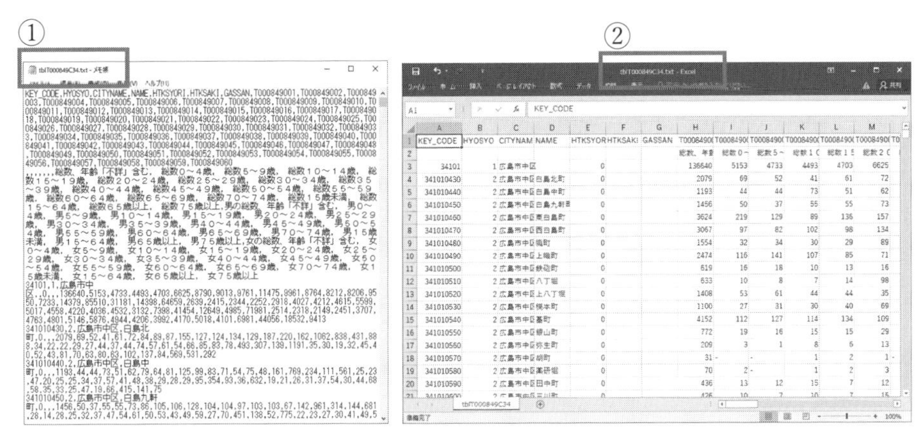

図 IV－20　ダウンロードしたファイルの閲覧

んの文字と数字が並んでいるため、どのようなものかを理解することはできません。カンマ（,）で区切られているので、エクセルで読み込む（その他の表計算ソフトでも可）と、図 IV－20②のようにデータがセルごとに表示され、わかりやすくなります。

2）csv ファイルに変換

図 IV－20でみるように txt ファイルのデータが表計算ソフトでセルごとに別れて表示されるのは、ファイルの形式が csv 形式であるからです。このため、ファイルの拡張子を txt から csv に変更すれば、エクセルなど表計算ソフトでデフォルトで取りあつかえるようになります。

このように csv 形式に変更するもうひとつの理由は、QGIS では csv 形式のデータを直接読み込むことができる（txt 形式のデータは読み込めない）からです。ダウンロードしたファイルを QGIS で利用するために、図 IV－21でみるようにファイルの拡張子を変更(16)します。その際、拡張子は必ず半角文字でなければなりません。

名前	更新日時	種類	サイズ
tblT000849C34.csv	2019/03/07 9:14	Microsoft Excel CS...	1,029 KB
tblT000849C34.txt	2019/03/07 9:14	テキスト ドキュメント	1,029 KB

図 IV－21　ファイル属性（拡張子）の変更

(16)　ファイルの拡張子の変更は、ファイル名の変更と同じで、ここでは txt を csv に変更するだけです。なお、変更に対する警告が表示されますが、無視してつぎに進みます。

（4）地図データとの結合（ジョイント）

1）QGIS への取り込み

インターネットからダウンロードしCSV形式に変換したファイルはQGISに簡単に取り込めます（図Ⅳ－22枠内のレイヤ）。しかし、レイヤウィンドウに追加されたにもかかわらず、マップウィンドウに変化はありません。その理由は、csvファイルを取り込むだけでは位置情報がないか、あっても位置表示を指定していないため、マップウィンドウに表

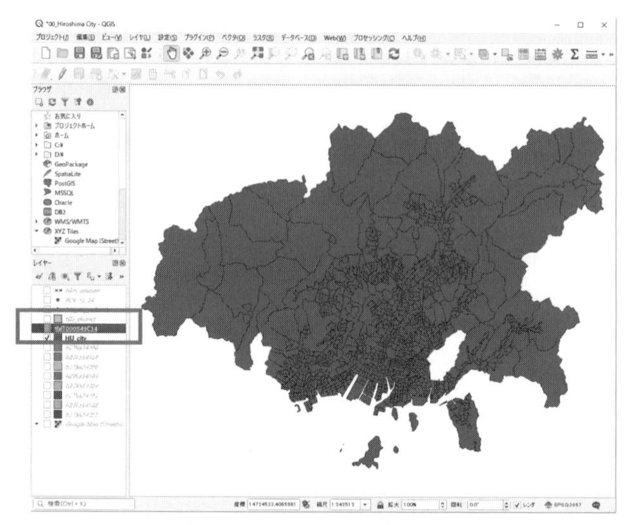

図Ⅳ－22　QGIS への取り込み

tblT000849C34 :: 地物数 合計: 4975、フィルタ: 4975、選択: 0

①

	KEY_CODE	HYOSYO	CITYNAME	NAME	HTKSYORI	HTKSAKI	GASSAN	T000849001	T000849002	T000849003	T000849004
1	342071690	2	福山市	神辺町大字新…	0			146	8	11	17
2	342071700	2	福山市	神辺町大字新…	0			775	72	75	70
3	342071710	2	福山市	東明王台	0			567	17	34	65
4	34209001106	3	三次市	十日市東六丁目	0			433	16	23	18
5	342090012	2	三次市	十日市南	0			3091	191	160	154
6	34209001201	3	三次市	十日市南一丁目	0			146	9	3	3
7	34209001202	3	三次市	十日市南二丁目	0			432	19	24	20
8	34209001102	3	三次市	十日市東二丁目	0			590	28	36	33
9	34209001103	3	三次市	十日市東三丁目	0			774	32	44	35
10	342[illegible]1104	3	三次市	十日市東四丁目	0			252	10	8	10
								570	37	34	21
								80	-	-	-
								53615	2007	2271	2399
								3008	137	167	125
								389	14	22	8
								303	2	6	13
								693	65	57	62
								465	52	47	54

レイヤプロパティ - tblT000849C34 | ソースフィールド

②

ID	名前	別名	タイプ	タイプ名	長さ	精度	コメント	WMS	WFS
0	KEY_CODE		QString	String		0		✓	✓
1	HYOSYO		QString	String		0		✓	✓
2	CITYNAME		QString	String		0		✓	✓
3	NAME		QString	String		0		✓	✓
4	HTKSYORI		QString	String		0		✓	✓
5	HTKSAKI		QString	String		0		✓	✓
6	GASSAN		QString	String		0		✓	✓
7	T000849001		QString	String		0		✓	✓
8	T000849002		QString	String		0		✓	✓
9	T000849003		QString	String		0		✓	✓
10	T000849004		QString	String		0		✓	✓
11	T000849005		QString	String		0		✓	✓
12	T000849006		QString	String		0		✓	✓
13	T000849007		QString	String		0		✓	✓
14	T000849008		QString	String		0		✓	✓

ソースフィールド　OK　キャンセル　適用　ヘルプ

図Ⅳ－23　取り込んだ CSV ファイル

示されません。今回ダウンロードした国勢調査の5歳階級別の人口データには位置情報が含まれていないので、マップウィンドウに表示することはできません。

図IV－22で取り込んだcsvファイルの属性テーブルをみると、数字がセルの左側に寄っていることがわかります（図IV－23①）。表計算ソフトやQGISでは、文字は左寄りに、数字は右寄りに表示されます。つまり、取り込んだ人口データはQGIS内で数字なのに文字扱いされているのです。このことはソースフィールドからも、すべてのフィールドが文字扱いされていることが図IV－23②のとおり、確認できます(17)。

2）csvtファイル

前節ではcsvファイルを取り込むことを取りあげました。しかし、取り込まれたデータのタイプは、図IV－23に示したとおり、数字が文字に誤認される問題があります。本節ではこの問題を正す方法を解説します。

データのタイプを変えるためには、dbfファイルが扱えるソフトなら直接dbfファイルを編集でき、簡単に解決できます。しかし、エクセルではこのファイルを取りあつかうことができず(18)修正できません。

csvファイルはデータだけでできており、属性に関するデータ（データのタイプに関する情報）をもっていません。このため、ファイルの大きさが小さくなるメリットがありますが、QGIS上で使用する際、データのタイプをひとつひとつ指定しなければいけないデメリットもあります。指定しないと、QGISはすべてのデータを文字として取りあつかいます。

この問題は、csvファイルがもつすべてのフィールドのタイプを指定したcsvt（Comma Seperated Value Type）ファイルを作成し、csvファイルとかならず同じフォルダ内に置いておくことで解決できます。

csvtファイルの作成は簡単で、csvファイルがもつすべてのフィールドのタイプ（文字または数字）を半角英字で指定しコンマで区切って（データのタイプだけでcsv形式のファイルを作成し）、csvファイルと同じファイル名に指定したうえ、拡張子をcsvtとし

(17)　QGISではデータのタイプを、文字は「string」、数字は「integer（整数）、realまたはdouble（実数）」などで決めます。図IV－23②の「タイプ」や「タイプ名」をみるとstringとなっており、文字扱いされていることがわかります。さらに、「ID」の左側のアイコンが文字を表す“abc”であることから、すべてのフィールドが文字として扱われていることがわかります。なお、数字データの場合、アイコンは、“abc”のかわりに“123”になります。

(18)　エクセルの旧バージョンではdbfファイルの編集ができましたが、現在は編集できなくなりました。その他、データベースソフトであるMicrosoft社のAccessなら取りあつかいできますが、一般的に使われているソフトとはいえませんので、本書では取りあげず、より簡単な他の方法を取りあげ、解説を進めていきます。

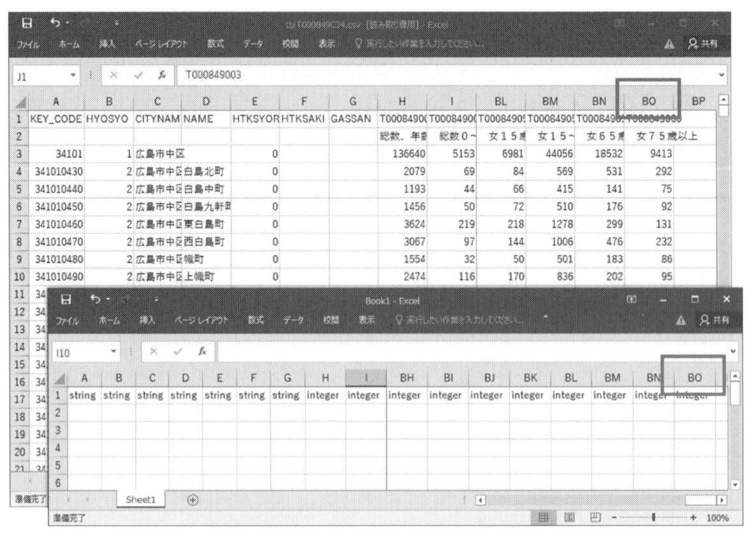

図Ⅳ－24　csvtファイルの作成

て保存するだけです。この際、csvとcsvt、両ファイルのフィールドの数がかならず一致しなければいけません。また、指定する文字にも誤字脱字があってはいけません。文字だけで指定しますのでメモ帳でも作成できますが、フィールド数の一致や打ち間違いなどを防ぐためにはエクセルなど表計算ソフトを使って作成するほうがより便利です。ここではエクセルを使って作成する例で解説します。

まず、csvtファイルをつくりたいcsvファイルを開き、フィールドの最右端を表示し、フィールド数を確認します。本節の例では「BO」まであることが図Ⅳ－24の上段から確認でき、67のフィールドがあることがわかります。

つぎに、csvtファイルを作成するため、エクセルのファイルをもうひとつ開きます（新規作成）。新しく開いたファイルには1行だけを使い、csvファイルのすべてのフィールド（67フィールド）のタイプを指定します。

この際、**文字　→　「string」に、**

数字（整数）　→　「integer」（実数なら「real」）に、

半角英字でセルごとに指定します。この例では、A～Gまでは文字として、それより右側（H～BOまで）は数字として指定します。今回のデータは人口ですので、小数点を使わない整数として指定しますが、小数点を使う場合は、実数を表す「real」と指定します。

図Ⅳ－24の上段と下段を確認すると、フィールドの数が一致していることおよびタイプが指定（A～G を string に、H～BO を integer に指定）されていることが確認できます。

つぎは、新しく作成する csvt ファイルを csv 形式で名前をつけて保存するだけです。この際、csvt ファイル名は、必ず上段のファイル（csv ファイル）名と一致しなければなりません。しかし、同じフォルダに保存しようとすると上書き保存になってしまいます。このことについて警告が表示されますので、いったん、csv ファイルが入っているフォルダとは異なるフォルダに同名の csv ファイルとして保存し、のちに拡張子を csvt に変更します。拡張子を変更したファイルを csv ファイルが入っているフォルダに移します。これで、同じフォルダ内に csv と csvt ファイルが存在することになります。

本節の例では、tblT000849C34.csv と tblT000849C34.csvt が同じフォルダに入っていることになります。これで、csvt ファイルの作成と配置は終わりです。では、csv ファイルを再び QGIS に読み込み(19)、属性ファイルを開きます。図 IV－25に示したとおりです。csv ファイルのみある場合（図 IV－23①・②）には数字が文字として認識されていましたが、csvt を追加することで図 IV－25①でみるように数字が右寄せに変わっており、数字であること表しています。また、図 IV－25②のソースフィールドからも 7 番目までは文字（string）として、8 番目以降は数字（integer）として認識されていることが確認でき

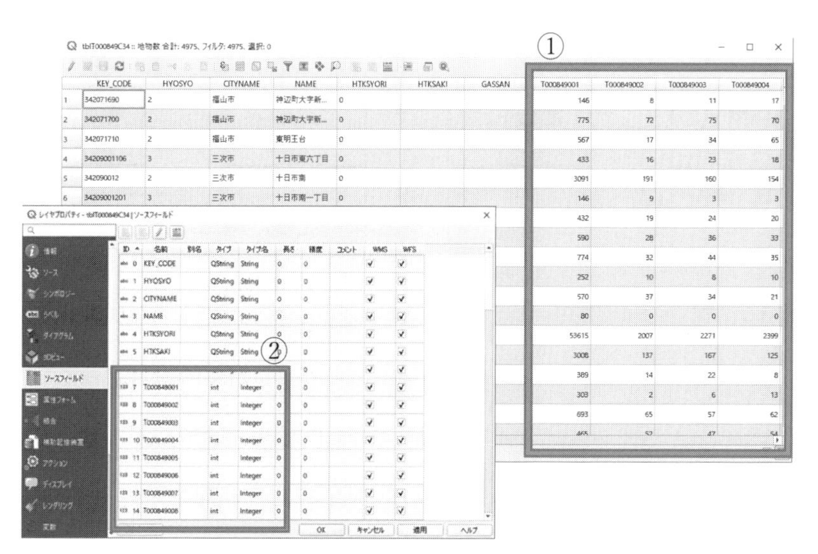

図 IV－25　csvt ファイル追加後のファイル属性

(19)　すでに QGIS に csv ファイルが読み込まれている場合は一度レイヤウィンドウから削除し、もう一度読み込む必要があります。

ます。

3）csv ファイルの結合（ジョイント）

・結合とは

本節で解説する結合とは、概念的には図Ⅳ－26でみるように、別のファイルとつなぎ合わせ、その中のデータを使えるようにすることです。

図Ⅳ－26で示したように、“結合もと”ファイルと“結合される”ファイルの間に、つなぎ合わせる同じ内容のデータ（フィールド名は異なってもかまわない）をもつフィールドがあれば、つなぎ合わせることができます。

結合は複数のファイルと行うこともできます。図Ⅳ－26では、結合もとファイルのフィールドAにData Bファイルのフィールド Aを、さらにData Cファイルのフィールド Aもつなぐ複数結合ができます。それに加えて、結合もとにつながっているData Cファイルのフィールド MにData Dファイルのフィールド Mをつなぎ合わせることで、結合もとファイルからData Cファイルを経由しData Dファイルまでたどり着くことができます。その結果、結合もとファイルからData Dファイルのデータを自由に利用することができるようになります。

結合は、このようにつなぎ合わせるフィールドがあればいくつもの異なるファイルをつないで自由に利用することができるとても便利な機能です。

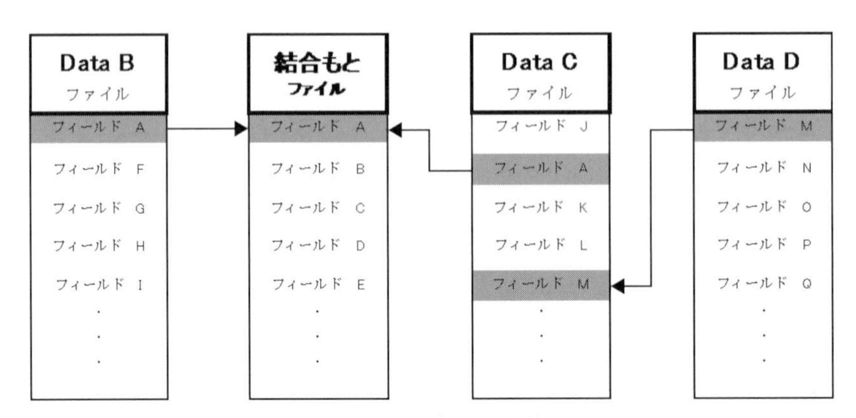

図Ⅳ－26　データの連結

・統計データの結合

QGISで結合できるレイヤは、レイヤウィンドに表示されているものに限られます。そのため、結合前に結合する統計データ（csv ファイル）をQGISに読み込んでおきます。

つぎに、結合する側（結合もと）と結合される側（csv ファイル）のフィールドを確認

HIJ_city :: 地物数 合計: 1129、フィルタ: 1129、選択: 0

	KEY_CODE	PREF	CITY	S_AREA
1	[illegible]	34	108	928004
2	[illegible]	34	108	929002
3	34108929001	34	108	929001
4	34108929004	34	108	929004
5	34108929003	34	108	929003
6	34108930002	34	108	930002
7	34108930001	34	108	930001
8	34108936001	34	108	936001
9	34108930003	34	108	930003
10	34108936003	34	108	936003
11	34108936002	34	108	936002
12	34108938002	34	108	938002
13	34108938001	34	108	938001
14	34108940001	34	108	940001
15	34108938003	34	108	938003
16	34108940003	34	108	940003
17	34108940002	34	108	940002
18	34108940005	34	108	940005

全ての地物を表示する

tblT000849C34 :: 地物数 合計: 4975、フィルタ: 4975、選択: 0

	KEY_CODE	HYOSYO	CITYNAME	NAME	HTKSYORI	HTKSAKI	GASSAN	Toc
1	[illegible]	3	福山市	青葉台一丁目	0			
2	[illegible]	3	福山市	青葉台四丁目	0			
3	34207001003	3	福山市	青葉台三丁目	0			
4	342070022	2	福山市	赤坂町大字早戸	0			
5	342070021	2	福山市	赤坂町大字赤坂	0			
6	34207003001	3	福山市	曙町一丁目	0			
7	342070030	2	福山市	曙町	0			
8	34207003003	3	福山市	曙町三丁目	0			
9	34207003002	3	福山市	曙町二丁目	0			
10	34207003005	3	福山市	曙町五丁目	0			
11	34207003004	3	福山市	曙町四丁目	0			
12	342070040	2	福山市	旭町	0			
13	34207003006	3	福山市	曙町六丁目	0			
14	34207005001	3	福山市	伊勢丘一丁目	0			
15	342070050	2	福山市	伊勢丘	0			
16	34207005003	3	福山市	伊勢丘三丁目	0			
17	34207005002	3	福山市	伊勢丘二丁目	0			
18	34207005005	3	福山市	伊勢丘五丁目	0			

全ての地物を表示する

図 IV－27　フィールドでつなぐ

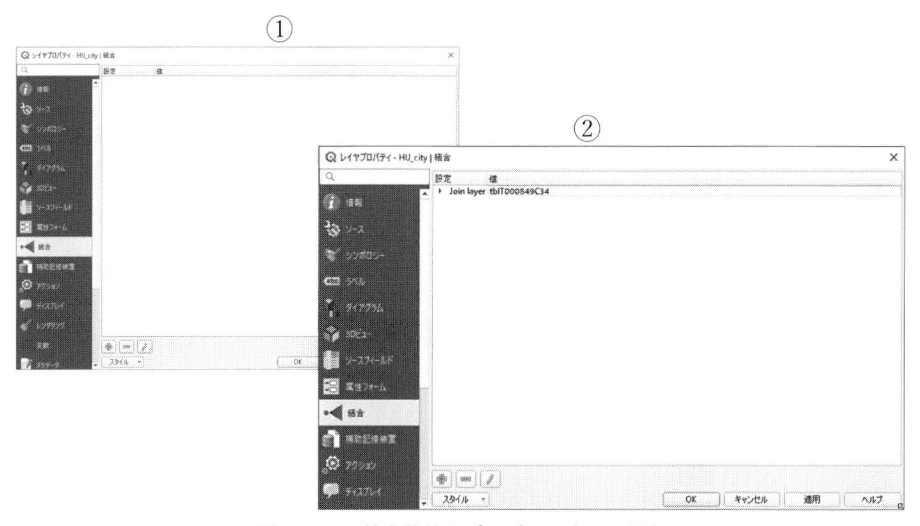

図 IV－28　結合前後のプロパティウィンドウ

します。この段階は、広島市図（結合もと）に５歳階級別人口データ（結合される側）をつなぎ合わせるので、広島市図のレイヤと統計データのレイヤを開いて関連づけを行うフィールドを確認する段階です。両側にKEY_CODEという地物を特定できるフィールドがあることが図IV－27から確認できます。これで広島市図と統計データファイルには共通のフィールド、KEY_CODEがあり両者をつなぎ合わせることで、図IV－26で示したように異なるレイヤ同士をつなぎ合わせることができます。

結合もとの広島市図のプロパティを開き、「結合」を選択します。図IV－28①のように右側の設定ウィンドウは空白のままで、何も結合されていないことがわかります。

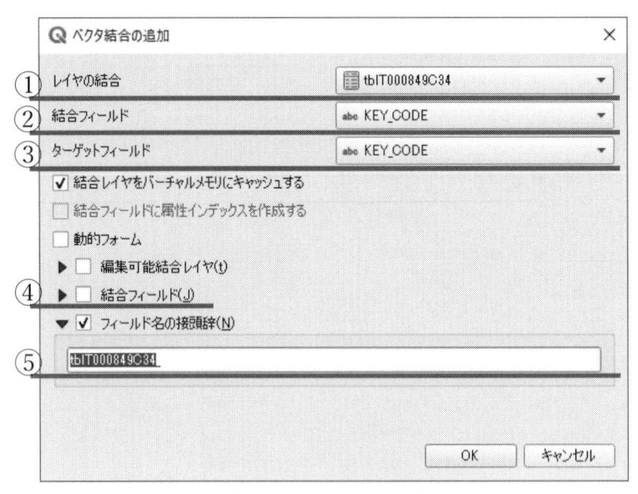

図 IV－29　結合の手順

統計データファイルの結合を行います。図 IV－28①の下部の「＋」をクリックして結合の設定を追加します。クリックすると図 IV－29のように結合の追加のために設定を行うウィンドウが表示され、図 IV－29①～⑤までを順に設定していきます。

はじめに、①は現在対象となっている広島市図レイヤにつなぎ合わせるレイヤを選択する段階で、レイヤをクリックし選びます。つぎに、②はつなぎ合わせるフィールドを決める段階で、①のなかのフィールドを選択します。今回の例では KEY_CODE になります。つづいて、③では結合もとのフィールドを指定します。今回の例では、つなぎ合わせるフィールド名が②と同じ KEY_CODE なので、②、③ともに KEY_CODE になります。④では結合するフィールド（csv ファイルの利用したい項目）を指定することができますが、デフォルト（チェックを入れない）ではすべてのフィールドが結合されます。必要ならチェックを入れ必要なフィールドだけ指定してください。ここではすべてのフィールドを結合したいので空白のままにしておきます。つぎに⑤で結合されたフィールドを識別するための設定を行います。⑤の上にある「フィールド名の接頭辞（N）」にチェックを入れることで、⑤の部分が修正できるようになります。デフォルトでは、結合されるレイヤ名がフィールド名の接頭語としてつきますが、そのままではファイル名が長くなり、結合後のフィールド名の確認が困難になります。そのため、⑤で接頭語を半角下線“_”のみに変更します。つまり、“_”から始まるフィールド名は結合されたフィールドになります。

これで新しい結合を追加する設定は終わりです。下部の「OK」をクリックし設定ウィンドウを閉じます。プロパティウィンドウのなかには図 IV－28②のように、結語されたことと対象となったレイヤ名“Joint Layer tblT000849C34”が表示され、設定結果の確

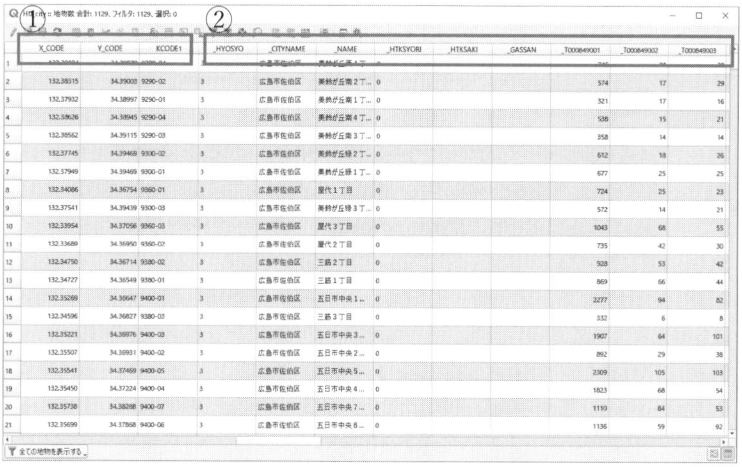

HI city :: 地物数 合計: 1129、フィルタ: 1129、選択: 0

①　②

	X_CODE	Y_CODE	KCODE1	_HYOSYO	_CITYNAME	_NAME	_HTKSYORI	_HTKSAKI	_GASSAN	_T000849001	_T000849002	_T000849003
1	[illegible]	[illegible]	[illegible]	[illegible]	[illegible]	[illegible]	[illegible]			[illegible]	[illegible]	[illegible]
2	132.38315	34.39003	9290-02	3	広島市佐伯区	美鈴が丘南２丁…	0			574	17	29
3	132.37932	34.38997	9290-01	3	広島市佐伯区	美鈴が丘南１丁…	0			321	17	16
4	132.38626	34.38945	9290-04	3	広島市佐伯区	美鈴が丘南４丁…	0			538	15	21
5	132.38562	34.39115	9290-03	3	広島市佐伯区	美鈴が丘南３丁…	0			358	14	14
6	132.37745	34.39469	9300-02	3	広島市佐伯区	美鈴が丘緑２丁…	0			612	18	26
7	132.37949	34.39469	9300-01	3	広島市佐伯区	美鈴が丘緑１丁…	0			677	25	25
8	132.34086	34.36754	9360-01	3	広島市佐伯区	屋代１丁目	0			724	25	23
9	132.37541	34.39439	9300-03	3	広島市佐伯区	美鈴が丘緑３丁…	0			572	14	21
10	132.33954	34.37056	9360-03	3	広島市佐伯区	屋代３丁目	0			1043	68	55
11	132.33689	34.36950	9360-02	3	広島市佐伯区	屋代２丁目	0			735	42	30
12	132.34750	34.36714	9380-02	3	広島市佐伯区	三筋２丁目	0			928	53	42
13	132.34727	34.36549	9380-01	3	広島市佐伯区	三筋１丁目	0			869	66	44
14	132.35269	34.36647	9400-01	3	広島市佐伯区	五日市中央１…	0			2277	94	82
15	132.34596	34.36827	9380-03	3	広島市佐伯区	三筋３丁目	0			332	6	8
16	132.35221	34.36976	9400-03	3	広島市佐伯区	五日市中央３…	0			1907	64	101
17	132.35507	34.36931	9400-02	3	広島市佐伯区	五日市中央２…	0			892	29	38
18	132.35541	34.37469	9400-05	3	広島市佐伯区	五日市中央５…	0			2309	105	103
19	132.35450	34.37224	9400-04	3	広島市佐伯区	五日市中央４…	0			1823	68	54
20	132.35738	34.38288	9400-07	3	広島市佐伯区	五日市中央７…	0			1110	84	53
21	132.35699	34.37868	9400-06	3	広島市佐伯区	五日市中央６…	0			1136	59	92

全ての地物を表示する

図 IV－30　結合後の属性テーブル

認ができます。「OK」をクリックしプロパティウィンドウを閉じます。

結合が終わってもマップウィンドウ上の地図の形状や色などに変化は現れませんが、結合もとレイヤである広島市図の属性ファイルを開けてみると、結合による変化が確認できます。図 IV－30は結合後の広島市図の属性ファイルです。①の箇所は広島市図のフィールドですが、②の箇所は５歳階級別人口データを結合したもので、フィールド名が “_” から始まるのが変化の証です。

なお、結合したレイヤをレイヤウィンドウから削除すると、結合されたレイヤのデータは確認できなくなります。このことを防ぐためには結合された状態（結合後）のレイヤを保存します。保存することで、結合もとファイルに結合状態のデータが読み込まれます(保存されます)。つまり、結合が切れても利用できるようになります。

3．国土数値情報

(1) ダウンロードできるデータ

図 IV－31の上段に、「「国土数値情報」とは、国土形成計画、国土利用計画の策定などの国土政策の推進に資するために、地形、土地利用、公共施設などの国土に関する基礎的な情報を GIS データとして整備したものです。そのうち公開に差し支えないものについて、「地理空間情報活用推進基本法」等を踏まえて無償で提供しています。」との説明があります。

本節では、国土数値情報ダウンロードサービス(20)を取りあげ、各種データのダウンロードの方法や使い方などについて解説します。

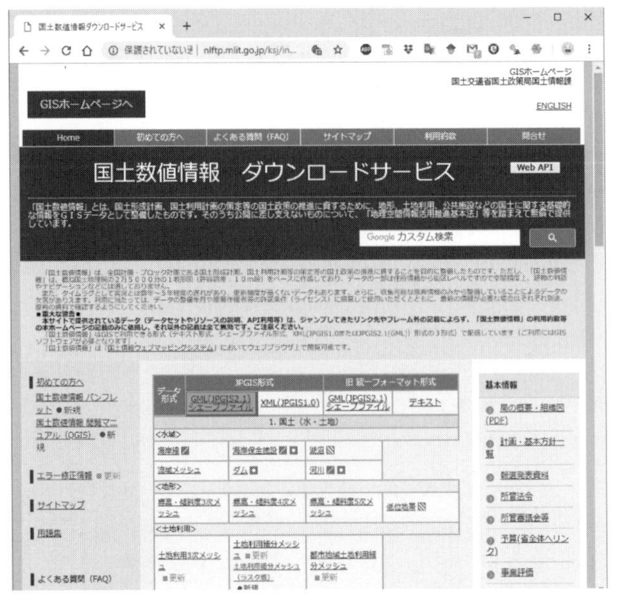

図Ⅳ－31　国土数値情報ダウンロードサービス

図Ⅳ－32　提供されるデータ種別

国土数値情報ダウンロードサービスは主に地図上に表示するさまざまな空間情報をダウンロードすることができるサイトで、具体的には、

① **国土に関連しては、水域・地形・土地利用や地価に関するデータ**
② **政策区域に関連しては、大都市圏・条件不利地域・災害や防災に関するデータ**
③ **地域に関連しては、各種施設・地域資源や観光・保護保全に関するデータ**
④ **交通に関連しては、鉄道・空港・バス路線などパーソントリップに関するデータ**

以上４種類のデータをダウンロードすることができます。詳しくは、国土数値情報ダウンロードサービスで確認できます（図Ⅳ－31参照）。提供されているデータの種類などをインターネット上のサイトから確認してください。

また、提供されるデータにはいくつかの種類がありますが、図Ⅳ－31でみるように

---

(20)　URL：http://nlftp.mlit.go.jp/ksj/

データ名の右端には、図IV－32のように記号についての説明があります(21)。データの取得前に、ダウンロードしたいデータの種別と提供されているデータの種別があっているのか、すでにダウンロードしたデータが更新されているのかなどについての情報を確認することができます。これらの情報はデータを取得する前にかならず確認する必要がある情報なので、記号を理解する必要があります。

（2）データのダウンロード

本書では、ダウンロードしたデータをマップウィンドウに表示することを取りあげ、その後、分析までを取りあげ、解説します。本節では、「3．地域<施設>」のなかにある「学校」を事例に解説を進めていきます。

図IV－31のサイトを下側にスクロールすると、「学校」を見つけることができます。項

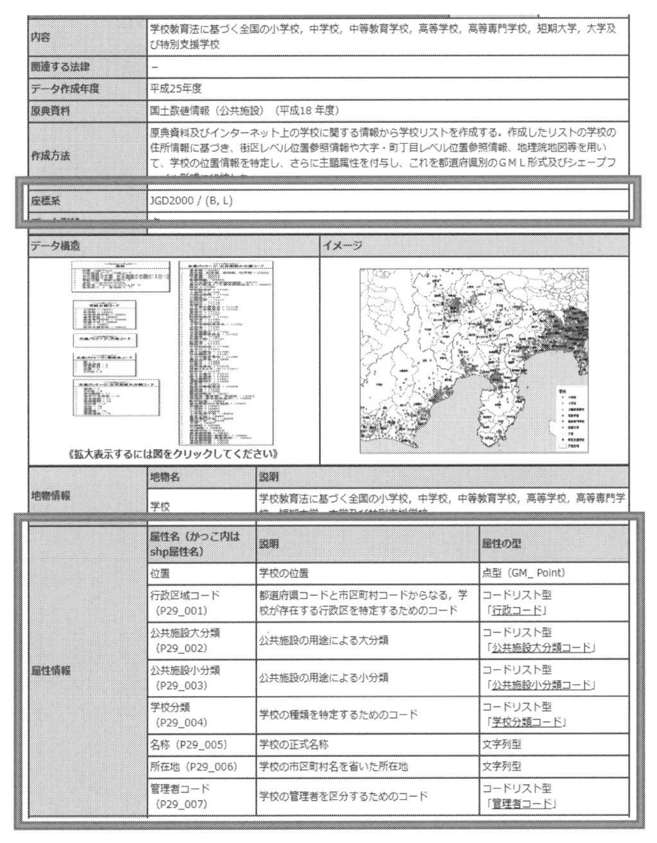

内容	学校教育法に基づく全国の小学校，中学校，中等教育学校，高等学校，高等専門学校，短期大学，大学及び特別支援学校
関連する法律	－
データ作成年度	平成25年度
原典資料	国土数値情報（公共施設）（平成18 年度）
作成方法	原典資料及びインターネット上の学校に関する情報から学校リストを作成する。作成したリストの学校の住所情報に基づき、街区レベル位置参照情報や大字・町丁目レベル位置参照情報、地理院地図等を用いて、学校の位置情報を特定し、さらに主題属性を付与し、これを都道府県別のＧＭＬ形式及びシェープフ
座標系	JGD2000 / (B, L)

データ構造	イメージ
《拡大表示するには図をクリックしてください》	

地物情報	地物名	説明
	学校	学校教育法に基づく全国の小学校，中学校，中等教育学校，高等学校，高等専門学

属性情報	属性名（かっこ内はshp属性名）	説明	属性の型
	位置	学校の位置	点型（GM_ Point）
	行政区域コード（P29_001）	都道府県コードと市区町村コードからなる，学校が存在する行政区を特定するためのコード	コードリスト型「行政コード」
	公共施設大分類（P29_002）	公共施設の用途による大分類	コードリスト型「公共施設大分類コード」
	公共施設小分類（P29_003）	公共施設の用途による小分類	コードリスト型「公共施設小分類コード」
	学校分類（P29_004）	学校の種類を特定するためのコード	コードリスト型「学校分類コード」
	名称（P29_005）	学校の正式名称	文字列型
	所在地（P29_006）	学校の市区町村名を省いた所在地	文字列型
	管理者コード（P29_007）	学校の管理者を区分するためのコード	コードリスト型「管理者コード」

図IV－33　提供データについての説明

(21)　面・線・点を取りあつかうデータの種別およびデータの掲載時期に関する情報が確認できます。

コード	対応する内容
16001	小学校
16002	中学校
16003	中等教育学校
16004	高等学校
16005	高等専門学校
16006	短期大学
16007	大学
16012	特別支援学校

図 IV－34　学校の分類コード

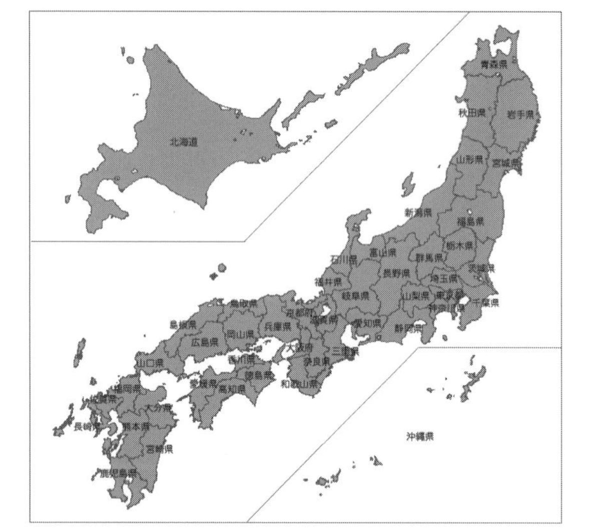

図 IV－35　ダウンロードする地域の選択

目名の右端には点データとして提供されていることを示す記号がついていることがわかります。

「学校」をクリックしつぎに進むと、図 IV－33のとおり、データの詳細についての確認ができます。ここでは GIS に取り込む際、座標系（図 IV－33上部の枠内）の確認が必要です。JGD2000となっていることがわかります。これでデータは緯度・経度によるものであることがわかります。つづいて、データの内容の確認ですが、データの内部には学校の位置・正式名称・種別・住所などがありますが、これらの項目名（フィールド名）は英数字でなっているため、図 IV－33下部の枠内の属性名と説明で確認する必要があります。

さらに、詳しい項目をみるためには、例えば、学校分類（P29_004）は学校の種類を特定するためのコードと説明があります。コードの詳細は右側の学校分類コードをクリックすると、図 IV－34が表示され、各コードが意味する学校の種別を確認することができます。

ダウンロードしたいデータの座標系および内容の確認ができたら、ダウンロードするため、さらにサイトを下部にスクロールしていきます。

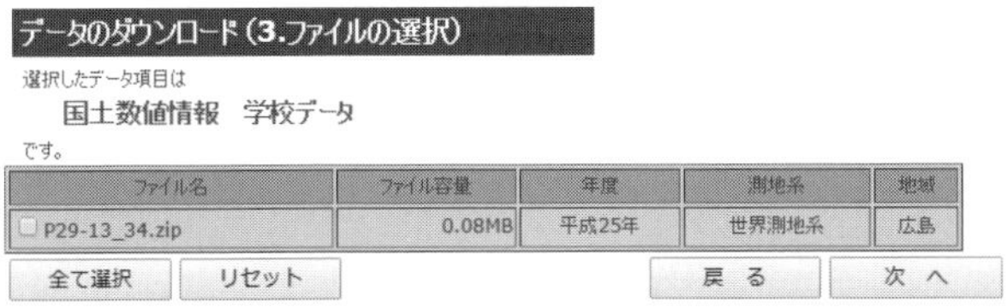

データのダウンロード（3.ファイルの選択）

選択したデータ項目は

国土数値情報　学校データ

です。

ファイル名	ファイル容量	年度	測地系	地域
□ P29-13_34.zip	0.08MB	平成25年	世界測地系	広島

全て選択　リセット　戻る　次へ

図Ⅳ－36　広島県学校データのファイル名

KS-META-P29-13_34.xml
P29-13_34.dbf
P29-13_34.prj
P29-13_34.shp
P29-13_34.shx
P29-13_34.xml

図Ⅳ－37　ダウンロード後展開したデータ

図Ⅳ－35のとおり都道府県を選択する画面になりますが、全国または都道府県名を選択するか、地図上で該当箇所をクリックするかで、選択できます。複数箇所を選択することもできます。例えば、中国地方のデータを選択したい場合は、それぞれの県を順にクリックすれば選択されます。選択後、「次へ」をクリックすると図Ⅳ－36のような画面が表示され、ダウンロードされるデータのファイル名、ファイルの大きさ、CRS、地域などが確認できます。確認後「次へ」をクリックします。最後にアンケート画面が表示されますので記入後つぎに進むと、データのダウンロードが開始されます（ここでアンケートを入力しないとつぎに進むことができません）。

ダウンロードしたファイルは圧縮されているので、Ⅳ.１.（２）圧縮ファイルの展開で説明した内容を参考に展開します。図Ⅳ－37のような複数のファイルが確認できます。圧縮ファイルを展開しないと、ファイルの目視確認はできますが、GISで利用することはできません。これで、国交省が提供する国土数値情報ダウンロードサイトからデータをダウンロードすることができました。

４．基盤地図情報

基盤地図情報は国土地理院により提供されているサービスです。

このサービス（図Ⅳ－38参照）を利用すると、国土交通省の「地理空間情報活用推進基本法第二条第三項の基盤地図情報に係る項目及び基盤地図情報が満たすべき基準に関する省令」に定める13項目（測量の基準点、海岸線、行政区画の境界線および代表点、道路縁、軌道の中心線、標高点、水涯線、建築物の外周線、市町村の町もしくは字の境界線および代表点、街区の境界線および代表点などのデータや数値標高モデル（Digital Elevation Model、通称DEM）など、国土の形に関連する各種データ（図Ⅳ－39参照）を取得することができます。

本節では基盤地図情報の基本項目からデータをダウンロードして表示し、GISで利用できるshpファイルに変換しエクスポートするところまでを取りあげ詳しく解説します。

図 IV－38　基盤地図情報ダウンロードサービス

基本項目の種類と概要

提供時期	種類	整備項目	ファイル単位	整備範囲	精度
2014/7/31以降 （平成26年）	基盤地図情報 基本項目	測量の基準点 海岸線 行政区画の境界線及び代表点 道路縁 軌道の中心線 標高点 水涯線 建築物の外周線 市町村の町若しくは字の境界線及び代表点 街区の境界線及び代表点	2次メッシュ	全国	縮尺1/2,500相当 （都市計画区域） 縮尺1/25,000相当 （都市計画区域外）

図 IV－39　ダウンロードできるデータの詳細

（1）ダウンロードできるデータ

基盤地図情報からデータをダウンロードするためには基盤地図情報ダウンロードサービス(22)のトップページにアクセスします。図 IV－38のとおり、ダウンロードする情報の種別を選択できるようになります。左側の基盤地図情報の基本項目を確認後、「ファイル選択へ」をクリックしつぎへ進みますが、その前にダウンロードできるデータについて簡単に説明します。

本サイトでどのようなデータが提供されているのかを確認するためには、左側にある「基本項目」のなかの「データの説明」をクリックしつぎへ進むと、図 IV－39のようにダウンロードできるデータの詳細についての説明があります。道路や鉄道、建物およびその外周線、行政区画の境界線、代表点などさまざまなデータがあることがわかります。これらについての詳細な説明は割愛しますが、必要なものについてはその都度説明を加えます。

(22)　URL：https://fgd.gsi.go.jp/download/menu.php

（2）データのダウンロード

ダウンロードのため、図IV－38のとおり、基本項目の「ファイル選択へ」をクリックしつぎに進むと、図IV－40のように日本全国がメッシュ状で表示され、都道府県や市区町村の指定やメッシュ(23)番号の指定によりデータを選択できる画面になります。

画面左側に基本項目またはDEMを選択することができますが、デフォルトは基本項目です。条件検索指定で全項目または必要な項目を選択し、「選択リストに追加」をクリックします。つぎは、地図上での選択により広島県広島市を選びます。選択された部分は図IV－41の枠内のようにメッシュ番号が表示されます。また、選択された部分を示す地図がマップウィンドウに反転表示されるので選択箇所の確認が簡単にできます。もうひとつ

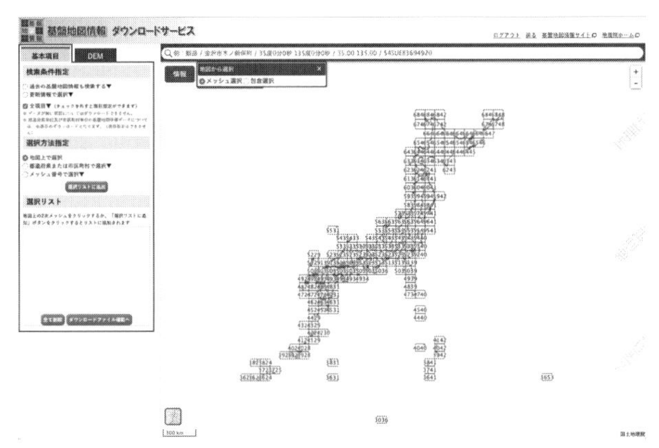

図IV－40　ダウンロードファイルの選択

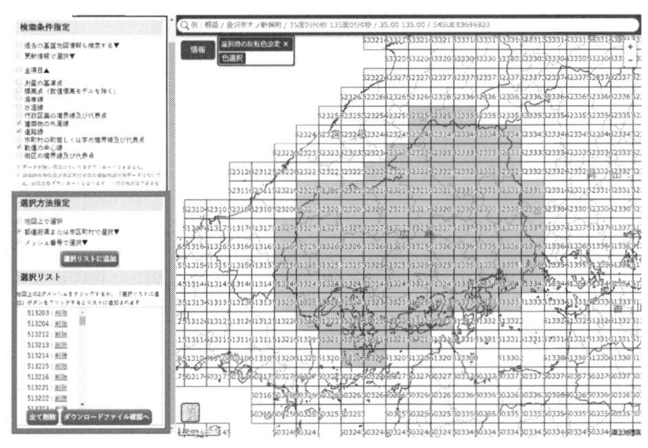

図IV－41　ダウンロードファイルの確認

(23)　36ページのメッシュデータに概念などを詳しく説明してあるので参考にしてください。

チェック 全てチェック まとめてダウンロード 削除 このページをまとめてダウンロード

チェック	ファイル名	基盤地図情報種別	更新年月日	項目分類	項目名	容量(KB)	個別
✔	FG-GML-513233-ALL-20180701.zip	基盤地図情報　最新データ	2018年07月01日	513233	全項目	2964	ダウンロード（ログインが必要です）
✔	FG-GML-513234-ALL-20180701.zip	基盤地図情報　最新データ	2018年07月01日	513234	全項目	14657	ダウンロード（ログインが必要です）
✔	FG-GML-513241-ALL-20190101.zip	基盤地図情報　最新データ	2019年01月01日	513241	全項目	6793	ダウンロード（ログインが必要です）
✔	FG-GML-513242-ALL-20190101.zip	基盤地図情報　最新データ	2019年01月01日	513242	全項目	18991	ダウンロード（ログインが必要です）
✔	FG-GML-513243-ALL-20190101.zip	基盤地図情報　最新データ	2019年01月01日	513243	全項目	27748	ダウンロード（ログインが必要です）
✔	FG-GML-513244-ALL-20190101.zip	基盤地図情報　最新データ	2019年01月01日	513244	全項目	24728	ダウンロード（ログインが必要です）
✔	FG-GML-513245-ALL-20190101.zip	基盤地図情報　最新データ	2019年01月01日	513245	全項目	10703	ダウンロード（ログインが必要です）
✔	FG-GML-513251-ALL-20181001.zip	基盤地図情報　最新データ	2018年10月01日	513251	全項目	4942	ダウンロード（ログインが必要です）

図Ⅳ－42　ダウンロードデータの確認

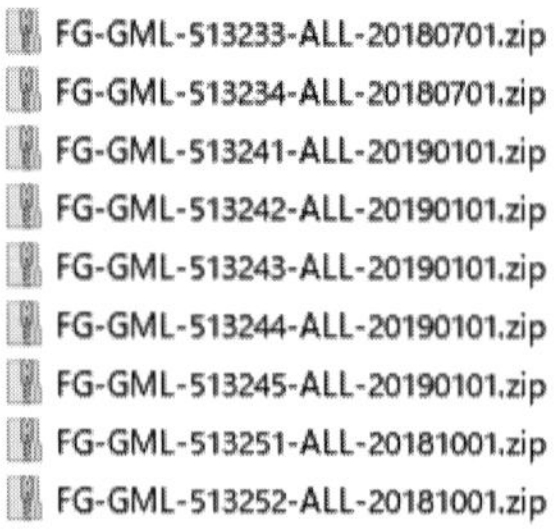

FG-GML-513233-ALL-20180701.zip
FG-GML-513234-ALL-20180701.zip
FG-GML-513241-ALL-20190101.zip
FG-GML-513242-ALL-20190101.zip
FG-GML-513243-ALL-20190101.zip
FG-GML-513244-ALL-20190101.zip
FG-GML-513245-ALL-20190101.zip
FG-GML-513251-ALL-20181001.zip
FG-GML-513252-ALL-20181001.zip

図Ⅳ－43　「PackDLMap.zip」の展開

の方法に、図Ⅳ－41の枠内上部で「都道府県または市区町村で選択」にチェックを入れ、表示されるリストから広島県、広島市を順に選び、「選択リストに追加」をクリックする方法があります。これで、ダウンロードする範囲が選択できたので、「ダウンロードファイルの確認へ」をクリンクしつぎに進むと、図Ⅳ－42のようにダウンロードされるデータ一覧が表示されます。一覧ではファイル名やデータの種別、ファイルサイズなどを確認できます。確認後、枠内の「全てチェック」および「まとめてダウンロード」をクリックしつぎに進みファイルをダウンロードします。ダウンロードが完了すると、「PackDLMap.zip」という圧縮ファイルが確認できます。基盤地図情報ダウンロードサービスから取得するファイルは、毎回同じ名称になります。そのため、以前ダウンロードしたファイルを新しくダウンロードするファイルで上書きされる恐れがあります。ダウンロード後はできるだけ早く必要な処理を行います。今回ダウンロードしたファイルを展開すると、図Ⅳ－43のように複数の圧縮ファイルが確認できます。

（３）基盤地図情報の表示とエクスポート

１）メッシュデータ

メッシュデータとは地域を格子状に区切り、その範囲における各種情報（土地利用や標高など）を加えたデータをいいます。代表的なものに、基盤地図情報や数値地図の標高データ、国土数値基盤情報の土地利用データなどがあります。国勢調査のデータもメッシュデータで入手できます。

データの表示形式は、ラスターデータとほぼ変わりませんが、GIS上のメッシュデータはベクターデータのポリゴン（面）として扱います。日本のメッシュデータの基準は、「標準地域メッシュ」で、以下のような形態です。

・第１次地域区画（第１次メッシュ）……約80km区画

・第２次地域区画（第２次メッシュ）……約10km 区画
・第３次地域区画（第３次メッシュ）……約１km 区画（１km メッシュ）

以上のように、第３次メッシュまで定められています。実際には、１km になるととても大きい単位（広い範囲）ですので、より小さい（詳細な）、以下のようなサイズのメッシュがあります。

・２分の１地域メッシュ……約500m 区画（500m メッシュ）
・４分の１地域メッシュ……約250m 区画（250m メッシュ）

このなかでも、分析によく使われるのは250m メッシュです。

さらに詳しくいうと、メッシュのサイズは、実際は250m ではなく、地域によって異なります。とくに高緯度の地域ほど、x 方向は小さく、y 方向は大きくなります。利用に当たって、なぜそのようになっているのかを理解する必要はありませんが、250m ではなく約250m であることを知ることは必要です。

２）基盤地図情報ビューア

基盤地図情報センターからダウンロードしたデータは、ファイル形式が gml 形式であるため、ダウンロードしたままでは QGIS で使うことはできません。ダウンロードした基盤地図情報を閲覧したり、ファイルを QGIS で利用できる shp ファイルに変換したりするためには、専用ソフト「基盤地図情報ビューア」が必要です。

図Ⅳ－38の下部の枠の中の「表示ソフトウェア等」をクリックし進み、表示ソフトウェアにある「基盤地図情報ビューア」（図Ⅳ－44枠線）をクリックしダウンロードします。なお、操作説明書が必要ならその下の「基盤地図情報ビューア操作説明書」もダウンロードし参考にするといいでしょう。

ダウンロードしたビューアファイルは圧縮ファイル（FGDV.zip）なので、展開し

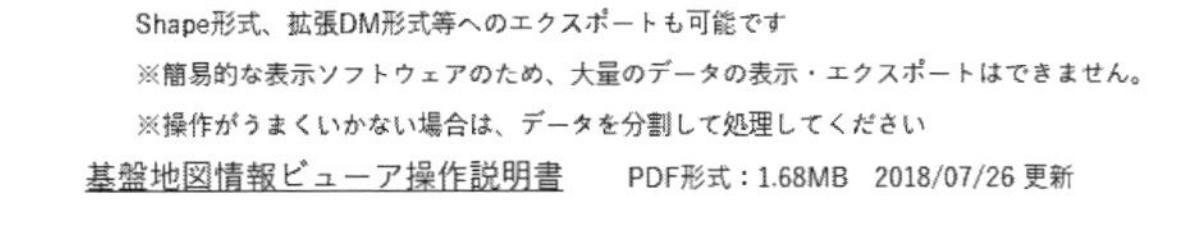

表示ソフトウェア

基盤地図情報ビューア　ZIP形式：6.85MB　2018/07/26 更新
基本項目と数値標高モデルの表示ソフトウェア
Shape形式、拡張DM形式等へのエクスポートも可能です
※簡易的な表示ソフトウェアのため、大量のデータの表示・エクスポートはできません。
※操作がうまくいかない場合は、データを分割して処理してください
基盤地図情報ビューア操作説明書　PDF形式：1.68MB　2018/07/26 更新

図Ⅳ－44　基盤地図情報ビューアのリンク

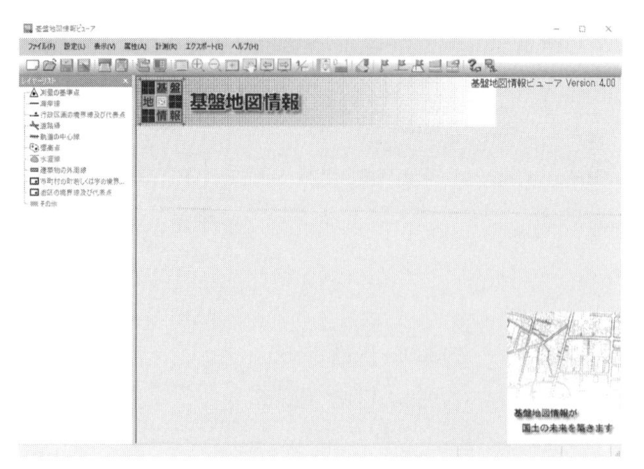

図 IV－45　基盤地図情報ビューアの起動画面

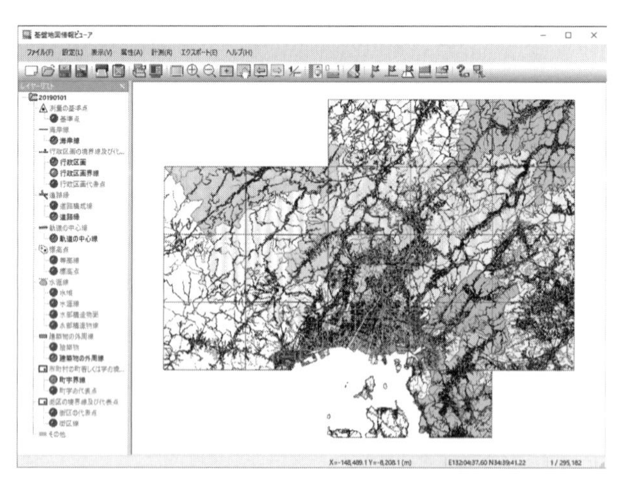

図 IV－46　基盤地図情報ビューアに取り込んだ状態

FGDV フォルダを Desktop などに保管します。フォルダのなかには FGDV.exe という実行ファイルがあります。このファイルが基盤地図情報ビューアファイルの本体です。ダブルクリックするとビューアが起動します。起動すると、図 IV－45のようにマップウィンドウに基盤地図情報という文字が、また、左側のレイヤウィンドウにはグレー調の文字が表示されます（関連データがある場合は濃くなり黒い文字になります）。

ビューアの利用はとても簡単で、前節でダウンロードした.zip 形式の圧縮ファイル（PackDLMap.zip）を展開せずそのままビューアにドラッグ＆ドロップするだけです。これで図 IV－46のように、マップウィンドウにダウンロードした地図が、また、レイヤウィンドウにダウンロードされたデータのレイヤ名がグレー調から黒に変わり、レイヤ名

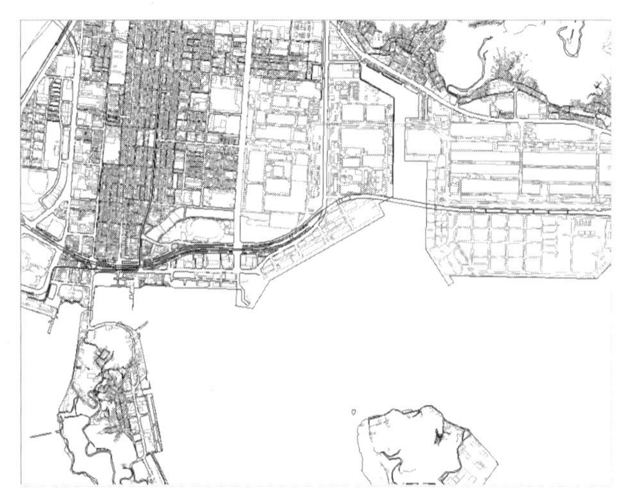

図IV－47　データの拡大画面

の前にボタンが点きます(24)。

これで基盤地図情報センターからダウンロードしたデータを閲覧することができます(図IV－46参照)。広島市全体のデータで、大量のデータが狭いマップウィンドウ上に表示されているため、人間の目で確認することはできません。確認のため、図IV－47のようにマップを拡大してみると、建物の輪郭や道路縁などが一目瞭然に確認できます。

3）shp ファイルに変換

変換のためにはビューアから、［エクスポート（E)］→［エクスポート（E）…］をクリックし、変換設定画面に進みます。変換設定画面は図IV－48のとおりで、左側で変換する要素を選びチェックを入れ、下部の出力フォルダを指定します。この際、GISで読み込めるshpファイルのため、複数個のファイルがつくられるので、デスクトップなどにそのままエクスポートをすることはやめましょう。なお、上部の直角座標型に変換にチェックを入れると、平面直角座標系に変換されるので、必要に応じてチェックを入れます。これらの設定が完了したら、右上の「OK」をクリックしてエクスポートを実行します。

エクスポート作業に時間がかかる場合がありますが、作業が無事完了すると、図IV－49のようなウィンドウが現れ、表示されるメッセージからそれぞれのshpファイルが指

(24)　ダウンロードしたデータにはさまざまな種類のデータが含まれており、ビューアで閲覧するための変換作業に時間がかかる場合があります。作業が終了するまでしばらく待ちましょう。作業の進展状況は、ビューアの右下のプログレスバー（緑色）が伸びていく様子で確認できます。

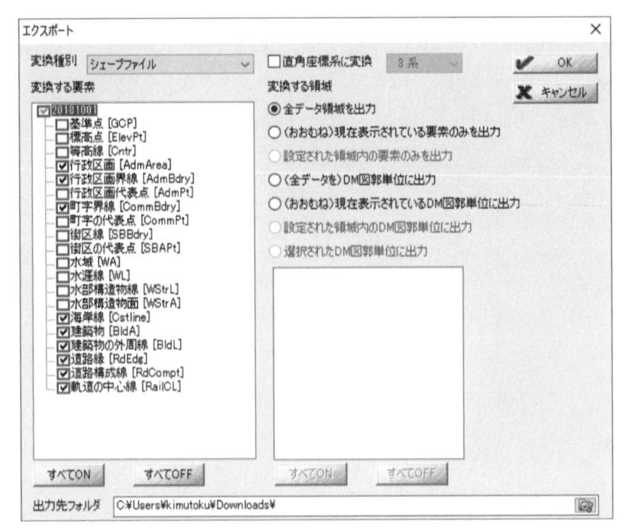

図 IV－48　データのエクスポート

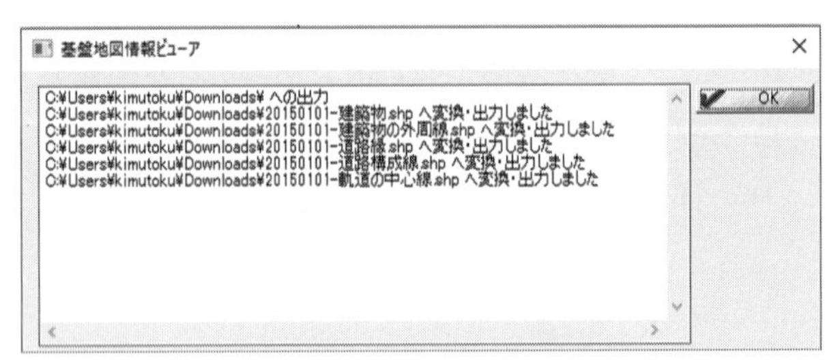

図 IV－49　エクスポート確認画面

定のフォルダに出力されたことを知らせるメッセージが表示されます。これで基盤地図情報ダウンロードサービスからダウンロードしたgml形式のファイルを、QGISで利用できるshpファイルに変換する作業が終わりました。指定したフォルダで確認してみましょう。変換されたshpファイルがたくさんつくられていることを確認できます。

なお、この作業は、利用するパソコンの性能によって作業時間が大きく変わります。作業が始まったら、遅いからといって繰り返しクリックするとさらに作業時間が伸びてしまいます。終了までしばらく待ちましょう。

V 地図の表現

前章では、公的機関（政府機関）が提供するGISデータなどを取りあげ、ダウンロードする方法およびQGISで利用できるように変換する方法について解説しました。

本章では、前章でダウンロードしたデータをもとに、GISの主な機能である地図の表示機能と分析機能のうち、前者の表示機能について解説します。

1．地図の表示

（1）ポリゴンデータの表示

QGISのマップウィンドウに地図を表示する方法は2通りあります。

ひとつは、地図ファイル（シェープファイル：以下、shpファイルと記する）をQGISのレイヤウィンドウ、またはマップウィンドウにドラッグ＆ドロップする方法です。もうひとつは、ブラウザウィンドウを利用する方法で、ブラウザウィンドウから地図ファイルが入っているフォルダに移り、ファイルを指定して表示する方法です。

両者に大きな違いはありませんが、前者の場合、shpファイル（地図ファイルのことで、拡張子が.shpであるファイル）をドラッグ＆ドロップする必要があります。地図以外のファイルをドラッグ＆ドロップすると、地図でないことを告げる警告が画面上に表示される場合があります。もちろん、地図は表示されませんので、注意が必要です。パソコンの設定がファイルの拡張子を表示しない非表示設定になっている場合は、拡張子の非表示設定を表示設定に変えるか、後者のブラウザウィンドウによる表示方法を利用します。本書では、前者のドラッグ＆ドロップによる表示方法を用いて解説を進めていきます。

まず、e-Stat（IV章2.（2）参照）でダウンロードした広島市の地図をQGISに表示してみましょう。shpファイルを、マップウィンドウまたはレイヤウィンドウに、ドラッグ＆ドロップします。図V-1のとおり、広島市の地図がマップウィンドウに現れます。ここではダウンロードしたファイルが区ごとになっているため、8つのファイル（地図）をマップウィンドウまたはレイヤウィンドウにドラッグ＆ドロップします。これで、レイヤ

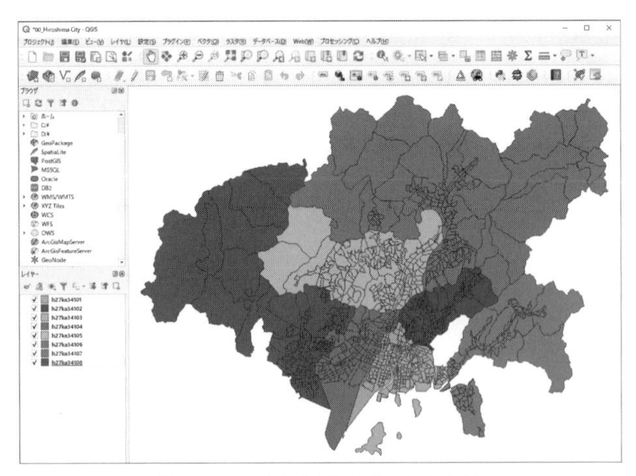

図Ⅴ－1　広島市地図データの表示

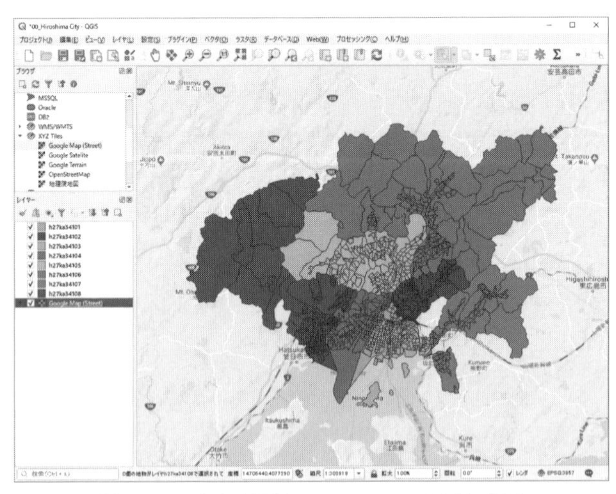

図Ⅴ－2　広島市図と Google Map の重ね表示

ウィンドウには広島市の８つの区のレイヤ名が、マップウィンドウには地図が、表示されます。８つのレイヤの色は、QGIS がランダムで選び表示しますが、レイヤの色やその濃度はいつでも変更できます。

さらに、地図の表示とともに、図Ⅴ－1からレイヤーウィンドウには表示されたレイヤ（ここでは８つ）の名前が表示され、チェックボックスにチェックが入っていることがわかります。

これは、広島市の地図は８つのレイヤ（８枚の地図）で構成されていることを意味します。また、チェックボックスのチェックを外すと一時（チェックを入れるまでの間）的にマップは表示されなくなります。このようにGIS上では、複数のレイヤ（別々の地図）で作成された地図が正しい位置に自動的に表示されます。いいかえれば、GISでは遠く離れた複数か所の地図を、紙面に並べて描くように、隣に並べることはできません(25)。これは、GISが位置情報を判断し表示してくれる便利な機能といえます。

つぎは、これらの地図がGoogle Mapなどのデジタル地図と一致するのか、Google Mapを一緒に表示させ確認します。III. 3. Tile Serverの設定で取りあげたTile ServerのなかのGoogle Mapをドラッグ&ドロップしマップウィンドウに表示させ、レイヤの順を一番下に変更（移動）します。図V－2のようにGoogle Mapの上に広島市図が区ごとに異なる色で表示されており、正しく表示されて（重なり合って）いることがわかります。

（2）レイヤと表示の順番

本節の例では8つの区の地図により広島市を表示しました。それぞれの地図をレイヤといいます。レイヤとは「層」を意味しますが、無限に広い無色透明な紙と考えればいいでしょう。GISでレイヤを使うことは、この無限に広い無色透明な紙に位置が決まった地物を描いて重ね置き、真上からみているイメージです。

広島市の各区のように位置が決まっている（異なる）地物を表示する場合はとくに問題がありませんが、場所が重なる場合は、レイヤの順番が重要です。例えば、道路だけを表示したレイヤと川だけを表示したレイヤを重ね合わせる場合、前者を上に、後者を下に置くと川の上に道路が表示されるので、川の上に道路が通っているイメージになります。しかし、順番を変え、後者を上に、前者を下にすると、川が流れる箇所の道路は寸断されているイメージになります。このようにレイヤの順番を変えることで、レイヤ（の一部）の見せ方をコントロールすることができます。

前節の地図（図V－2）でもレイヤの順番を考え、Google Mapのレイヤを8つの区のレイヤより下に移動させました。

（3）ラインデータとポイントデータの表示

前節ではe-Statからポリゴンデータをダウンロードし、解凍後マップウィンドウにドラッグ&ドロップしQGISに表示しました。本節では、それに加えて各種学校に関するデータを国土数値情報ダウンロードサービスからダウンロードし、地図データのように取

(25)　例えば、北海道と沖縄県は遠く離れているので、GIS上で隣に表示することはできません。表示するためには、位置情報を変更するなどの工夫が必要です。本書では、この機能の説明は割愛します。

り込み表示します。表示する方法はとても簡単で、前節でのGoogle Mapの表示と同じです。shpファイルをマップウィンドウにドラッグ&ドロップするだけです。

国土数値情報ダウンロードサービスからデータをダウンロードする方法はIV章3.(2)で詳しく解説しましたので、その手順を参考に広島県の学校のデータをダウンロードしマップウィンドウに表示させます。学校データをすでに作成した広島市図（図V-1）に追加すると図V-3のとおりです。学校のデータは、ダウンロード範囲を選定する図IV-35およびダウンロードデータを確認する図IV-36からわかるように、広島市ではなく広島県のデータなので、図V-3では広島市図の外側にも学校を示す点がたくさん表示されているのです。本節では、ポイントデータを表示することが目的なのでとりあえずす

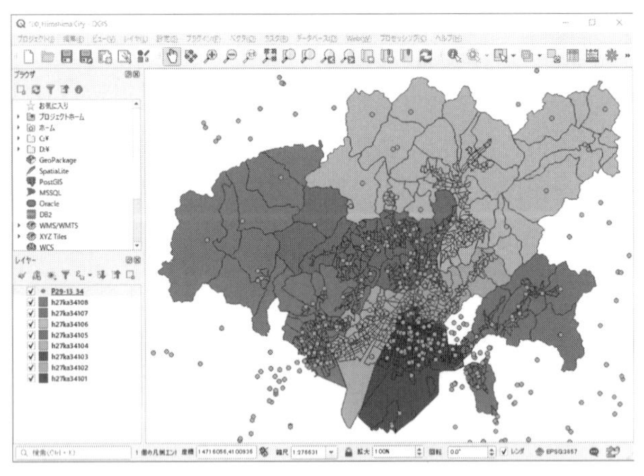

図V-3　広島県の学校の追加表示

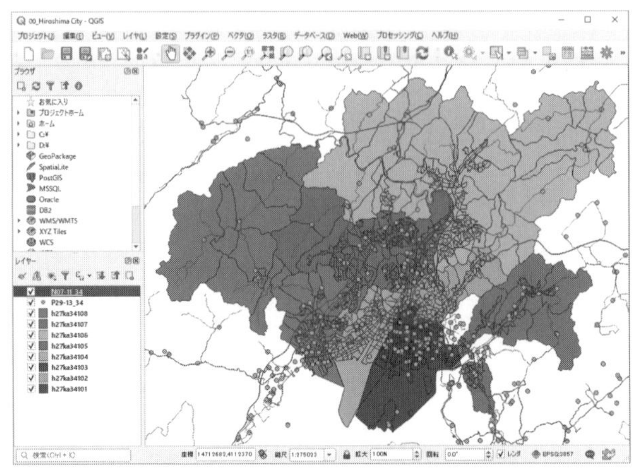

図V-4　広島県バスルートの追加表示

べてを表示したままにします。広島市域内のデータだけを表示するためには、データの一部を抽出する知識が必要です。次節で取りあげ、解説します。

最後に、ラインデータの表示を取りあげます。ラインデータの取得と表示も前述のポイントデータと同じ方法です。IV 章3.(2)の手順を参考に広島県のバスルートをダウンロード、展開し表示すると、図V－4のとおりです。地図上に複雑な線（バスルート）が表示されていることがわかります。このバスルートも学校のデータと同じで、とりあえず広島県のデータを表示させるだけなので、広島市域の外にもバスルートが表示されています。

ここまで地図の表示についてポリゴン・ライン・ポイントの3種の例を取りあげ、解説しました。このように各種 GIS 用データをダウンロードして表示するのは、自分で直接作成するよりはるかに簡単です。

2．ツールバーの操作

(1) ツールバーの表示

ツールバーなどについては、III 章2.(3)および図 III－12でも簡単に説明しましたが、本節ではツールバーの表示や非表示の方法およびよく使うツールバーの機能について解説します。

ツールバーに表示されていないアイコンを表示させたい場合は、図V－5を参考にメニューバーから、[ビュー] → [ツールバー] の順にクリックします。現れたリストは使用できるツールバーの一覧です。左側チェック欄にチェックが入っているものがツールバーに表示されているアイコン群です。操作は簡単で、表示したいものにチェックを入れる（非表示にする場合はチェックを外す）だけです。表示するアイコンを増やしすぎると、ツールバー上にアイコンがたくさん増えてしまい、マップウィンドウが狭くなります。表示するアイコンの数は必要最小限に抑えたほうがいいでしょう。

(2) 主なツールバーの機能

QGIS を使うに当たって、地図の移動、拡大・縮小、全画面表示、地物の選択や解除、地物の情報などは、頻繁に使います。本節では使用頻度が高いアイコンを取りあげ機能を解説します。

地図の移動、拡大・縮小、全画面表示、直前表示に戻るなど、マップウィンドウ上での地図の見せ方を調整するものは図V－6のとおり、「ナビゲーションツールバー」にまとまっています。また、地図を構成する個々の地物に関する情報の操作、地物の選択・解

ビュー(V)　レイヤ(L)　設定(S)　プラグイン(P)　ベクタ(O)　ラスタ(R)　データベース(D)　Web(W)　プロセッシング(C)

新しいマップビュー(M)　Ctrl+M
新しい3Dマップビュー(3)　Ctrl+Shift+M
地図を移動
選択部分に地図をパン
拡大　Ctrl+Alt++
縮小　Ctrl+Alt+-
地物情報表示　Ctrl+Shift+I
計測
統計の要約
全域表示(F)　Ctrl+Shift+F
レイヤの領域にズーム(L)
選択部分にズーム(S)　Ctrl+J
直前の表示領域にズーム
次の表示領域にズーム
ネイティブ解像度にズーム (100%)
地図整飾(D)
プレビューモード
マップのヒントを表示
新しいブックマーク...　Ctrl+B
ブックマーク一覧　Ctrl+Shift+B
再読み込み　F5
全てのレイヤを表示　Ctrl+Shift+U
全てのレイヤを隠す　Ctrl+Shift+H
選択レイヤの表示
選択レイヤを隠す
選択されてないレイヤを隠す
パネル
ツールバー
フルスクリーンモード切り替え(E)　F11
パネル表示切り替え(V)　Ctrl+Tab
地図のみを切り替える　Ctrl+Shift+Tab

Webツールバー
シェープデジタイジングツールバー
スナップツールバー
データソースマネージャツールバー
データベースツールバー
デジタイジングツールバー
プラグインツールバー
✓ プロジェクトツールバー
ベクタツールバー
ヘルプツールバー
ラスタツールバー
ラベルツールバー
レイヤ管理ツールバー
高度なデジタイジングツールバー
✓ 属性ツールバー
✓ 地図ナビゲーションツールバー
OSMDownloader

図Ⅴ－5　ツールバーの表示・非表示

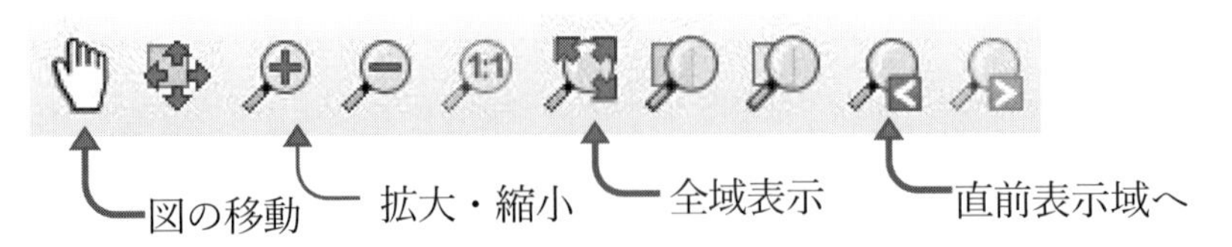

図Ⅴ－6　地図ナビゲーションツールバー

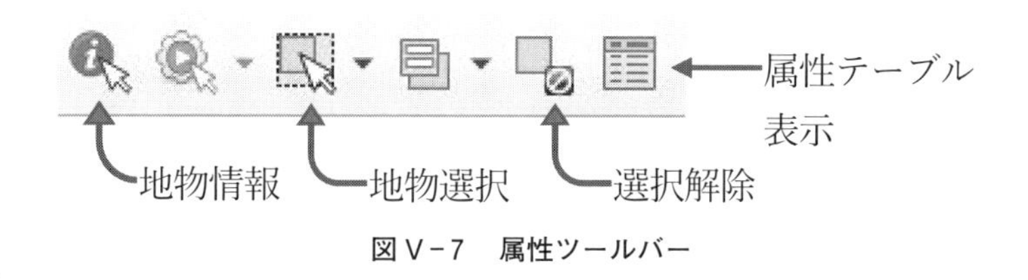

図Ⅴ-7　属性ツールバー

除、属性の表示などに関連する操作は図Ⅴ-7のとおり「属性ツールバー」にまとまっています。

使用頻度が少ない機能を覚える必要はありません。アイコンの機能がわからない場合には該当アイコンの上にマウスのカーソルを移動し載せます。簡単な説明が表示されますので、アイコンの機能を確認できます。

3．表示調整

QGISにおける各種データの表示や編集はすべてレイヤ単位で行われます。本節における表示の調整も例外ではありません。高度な表現や分析を行う際はレイヤをたくさん使って行います。そのため、レイヤの表示調整の機能はQGIS利用において重要な機能のひとつといえます。

(1) レイヤプロパティの操作

1) レイヤの表示・非表示と削除

GISの操作は、基本的にレイヤ単位で行いますので、同種のデータは同じレイヤで表現するとよいでしょう。迷う際には、レイヤを分けておくことをお勧めします。理由は、複数のレイヤを1枚にすることが、1枚のレイヤを複数のレイヤに分割することより簡単だからです。これらのレイヤの操作方法については、後半の空間分析の章で詳しく取りあげます。

本節では、マップウィンドウに取り込んだレイヤを表示・非表示したり、不要なレイヤを削除したりすることについて解説します。

レイヤの表示・非表示は、レイヤ名の左側にあるチェックボックスにチェックを入れるか外すだけで変更できます。非表示にしてもレイヤ本体はQGIS上に残っていますので、さまざまな作業を行うことができます。

つぎに、レイヤの削除は、削除するレイヤを選択、右クリックし、図Ⅴ-8のとおり、レイヤの削除を選択します。削除したレイヤは、マップウィンドウとレイヤウィンドウか

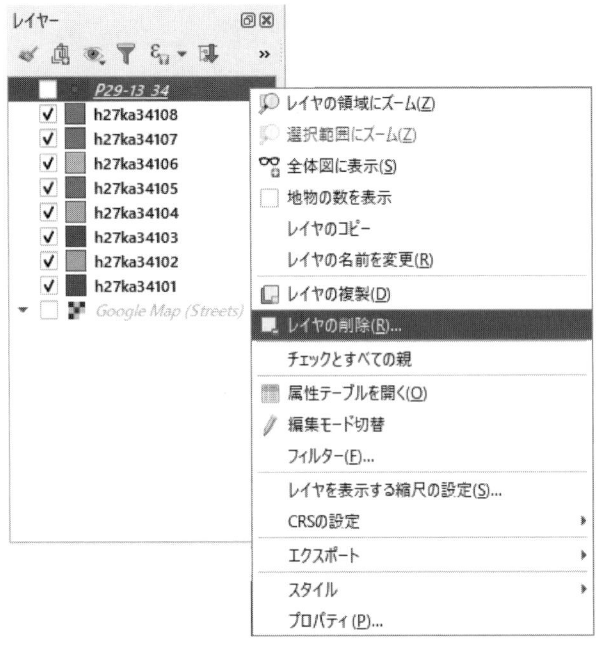

図Ｖ－８　レイヤの削除

ら消えます(26)が、ファイル本体が削除されるわけではありません。再び必要になれば、マップウィンドウにドラッグ＆ドロップすることで、利用することができます。

レイヤの表示・非表示による操作は、レイヤがマップウィンドウ上に表示されていない場合でも各種分析ができます。これに対してレイヤの削除は、QGIS 上からレイヤを削除してしまうのですべての作業を行うことができなくなります。再び作業が必要になった場合、レイヤの読み込みからやり直す必要があります。

２）レイヤの順番

図Ｖ－８のとおり GIS を使う際、複数のレイヤを用いることは普通のことですが、意図どおり表示されない場合があります。この問題はレイヤの表示順番を替えることで解決されます。レイヤウィンドウから、移動させたいレイヤ名をクリックし、上下に動かます。レイヤの順番を替え、地図の見せ方を意図どおりに替えることができます。

(26)　地図の場合はマップウィンドウに表示されるので本文の説明とおりですが、位置情報をもたないテーブルだけのレイヤの場合はレイヤウィンドウからの削除ですみます。

3）地図色の透過率や模様の調整

しかし、レイヤの順番を変えるだけでは解決できないことがあります。QGIS ではすべてのレイヤはランダムで選んだ色で表示されます。同じ地図を、あらためてレイヤを追加し表示するつど、色が変わります。このようにランダムで表示される色とは別に、地図のポリゴンデータが塗りつぶされる(27)ことにより背後のレイヤの状態が確認できず、不便や不都合が生じます。この問題はレイヤの透過率を変えることで解決できます。

本節では、広島市図の背後に Google Maps を表示し、両者の重なり具合を確認することを事例に解説します。まず、透過率を変更するレイヤを選択して図Ｖ－９を参考に右クリックし、「プロパティ（P）…」を選択します。図Ｖ－10のとおりレイヤプロパティウィンドウが表示されます。図Ｖ－10①のシンボロジーが選択されてなければ選択し、図Ｖ－10のとおり、現在の設定状態を表示します。

つぎに、図Ｖ－10②から塗りつぶしの選択で図Ｖ－10③（不透明度）が現れます。デフォルトは100％となっており、背後の様子の確認はできません（みえません）。図Ｖ－10

図Ｖ－９　レイヤのプロパティの表示

(27)　デフォルトでは、透過率はゼロです。つまり該当レイヤの地物の背後はまったくみえません。

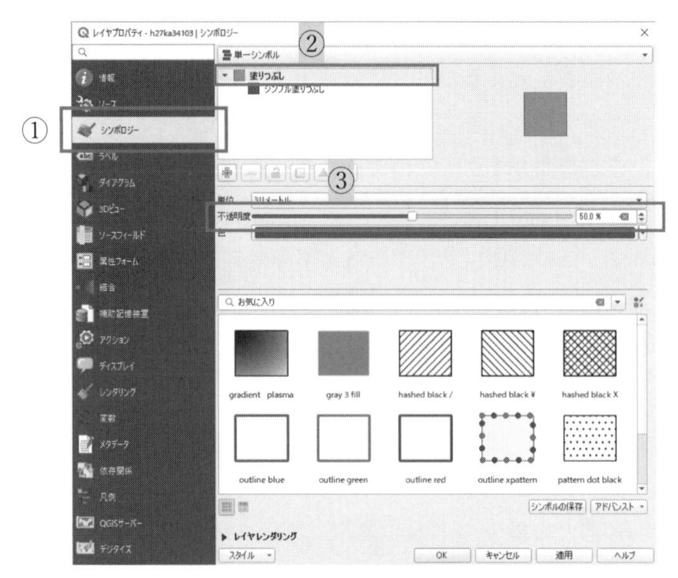

図Ⅴ－10　レイヤの透過率の変更

図Ⅴ－11　透過率変更後の地図表示

③でスライドバーを50％程度まで動かして下部の「OK」をクリックしレイヤプロパティウィンドウを閉じます。図Ⅴ－11のように不透明度を50％に下げたレイヤでは背後のGoogle Mapsにある島などの様子を確認することができます。なお、ここで図Ⅴ－10②を正しく選択しないと、③の不透明度が表示されません(28)ので、注意が必要です。

(28)　例えば、図Ⅴ－10②で「塗りつぶし」ではなく、その下にある「シンプル塗りつぶし」をクリックすると、塗りつぶしや線の種類、太さなどの設定画面が表示され、図Ⅴ－10③のような「不透明度」は表示されません。

広島市は、８区であるため、８枚のレイヤで構成されていることが図Ｖ－１からわかります。８枚のレイヤすべてにおいて不透明度を50％に変更すると背面のGoogle Mapレイヤを確認することができますので、すべてのレイヤの不透明度を50％に変更し確認してみましょう。

４）地図の境界線のみ表示ほか

本節では、白地図のように町丁字別の境界線だけを残して塗りつぶさない地図に変更する方法と、地図を斜線などの模様で表示する方法を取りあげ、解説します。

変更するレイヤを選択し、図Ｖ－12のようにレイヤプロパティウィンドウを表示させます。図Ｖ－12①シンボロジーを選択して、②シンプル塗りつぶしを選択すると、右側に現在の色が四角の中に表示されることが確認できます。この際、②のところで、すぐ上にある「塗りつぶし」を選択してはいけません。間違って選択すると図Ｖ－10のような表示となり、図Ｖ－12③とは異なる設定画面になりますので注意が必要です。

図Ｖ－12③の上の「塗りつぶし」の文字をクリックすると、ドロップダウンメニューが表示されます。ここで、境界線のみを表示したい場合は、「ブラシなし」を、表示されているような模様で表示したい場合にはその模様を、クリックしたあと、下部の「OK」をクリックします。これで図Ｖ－13のとおり境界線のみが残っている地図に変わっていることが確認できます。

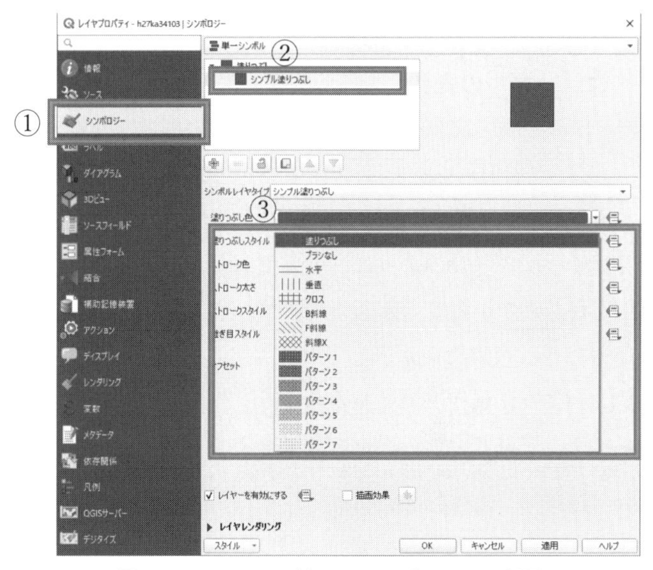

図Ｖ－12　レイヤの塗りつぶしパターンの変更

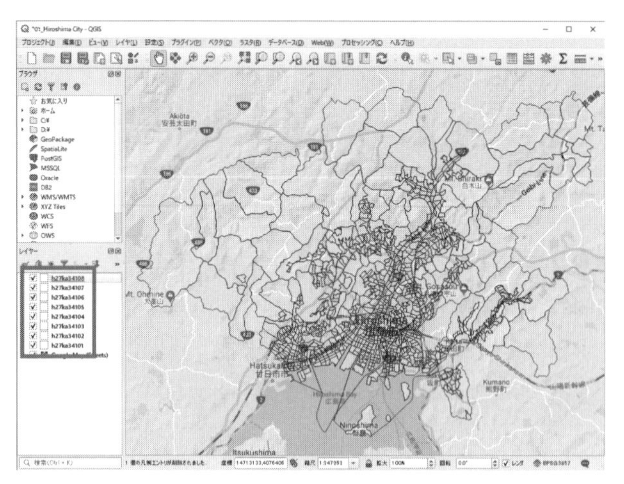

図Ⅴ－13　境界線のみ表示後の地図表示

図Ⅴ－11と図Ⅴ－13は同じ地図ですが、前者（図Ⅴ－11①）は塗りつぶしの透過率を50%に下げたもので、後者は塗りつぶしなしで境界線のみを残した地図です。このようにレイヤごとに表示する色やその濃度などを自由に調整することができます。

図Ⅴ－13のレイヤウィンドウ（枠線内）のレイヤ名の左側のアイコンの模様は、図Ⅴ－3、図Ⅴ－4、図Ⅴ－8、図Ⅴ－9のレイヤ名のアイコンに色がついていることと異なり、枠線があるだけです。このように地図が「塗りつぶしなし（ブラシなし）」として設定されていることをレイヤアイコンから読み取ることができます。

（2）レイヤの属性テーブルの操作

レイヤの属性テーブルを開くには、ツールバーのなかの属性ツールバーで属性テーブルを開くアイコン（図Ⅴ－7参照）をクリックするか、該当レイヤを右クリックし「属性テーブルを開く」をクリックするか（図Ⅴ－14参照）、2つの方法があります。

属性テーブルを開くと図Ⅴ－15のように、使い慣れた表計算ソフト、エクセルのようにセルのなかにデータが並んでいることがわかります。また、左上部の①には地物数（データの件数）および選択された地物数が表示されます。この例では142件のデータがあることがわかります。このように属性ファイルからマップウィンドウに表示された地図のなかにどのようなデータが含まれているのかを確認できます。

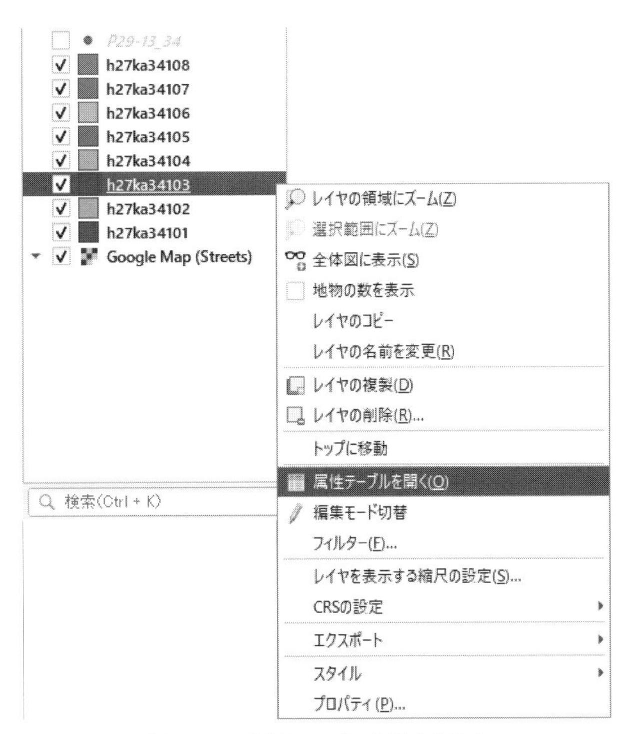

図V－14　属性テーブルを開く方法２

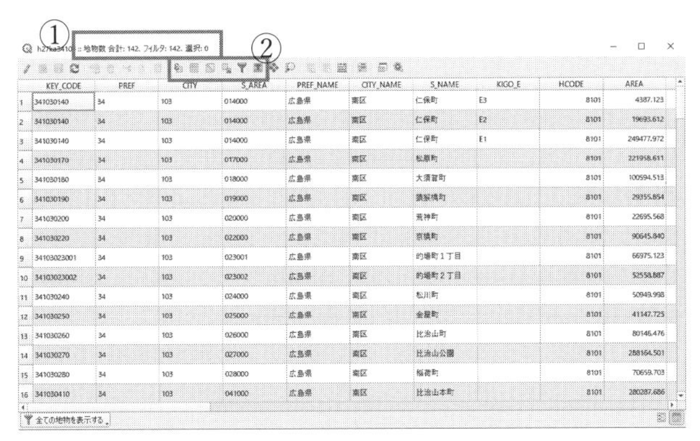

	KEY_CODE	PREF	CITY	S_AREA	PREF_NAME	CITY_NAME	S_NAME	KIGO_E	HCODE	AREA
1	341030140	34	103	014000	広島県	南区	仁保町	E3	8101	4387.123
2	341030140	34	103	014000	広島県	南区	仁保町	E2	8101	19693.612
3	341030140	34	103	014000	広島県	南区	仁保町	E1	8101	249477.972
4	341030170	34	103	017000	広島県	南区	松原町		8101	221958.611
5	341030180	34	103	018000	広島県	南区	大須賀町		8101	100594.513
6	341030190	34	103	019000	広島県	南区	猿猴橋町		8101	29355.854
7	341030200	34	103	020000	広島県	南区	荒神町		8101	22695.568
8	341030220	34	103	022000	広島県	南区	京橋町		8101	90645.840
9	34103023001	34	103	023001	広島県	南区	的場町１丁目		8101	66975.123
10	34103023002	34	103	023002	広島県	南区	的場町２丁目		8101	52558.887
11	341030240	34	103	024000	広島県	南区	松川町		8101	50949.998
12	341030250	34	103	025000	広島県	南区	金屋町		8101	41147.725
13	341030260	34	103	026000	広島県	南区	比治山町		8101	80146.476
14	341030270	34	103	027000	広島県	南区	比治山公園		8101	288164.501
15	341030280	34	103	028000	広島県	南区	稲荷町		8101	70659.703
16	341030410	34	103	041000	広島県	南区	比治山本町		8101	280287.686

図V－15　属性テーブル

VI 地図の編集

前章まで地図や各種データの表示について解説しました。ダウンロードしたものを表示するまではとても簡単です。しかし、前章で取りあげたラインデータ（バスルート）やポイントデータ（学校）のように、自分の都合にぴったり一致する範囲のデータがあるとは限りません。できるだけ必要なデータに近いデータを収集し、データをつくって（編集して）いく過程はとても重要で、GIS を利用するために欠かせません。

本章では、取得したデータを必要なデータにつくるため、加工する、いわゆる編集について解説します。具体的には、作業をするための対象の選択・選択解除、地物の一部削除に加え、複数枚のレイヤを一枚にすることやレイヤ内の地物の再編（境界の再設定）を取りあげます。

1．地物の選択と選択解除

（1）地物の選択

地図のなかで地物の一部を選択する方法は４つあります。１つ目は地図上から直接行う方法、２つ目は属性テーブルから行う方法、３つ目は空間情報を利用して選択する方法、最後に４つ目は型（バッファ）をつくり切り取る（クリップする）方法があります。本章ではこれら４方法すべてを、広島市南区・広島市・広島県を事例にあげ、詳しく解説します[(29)]。

1）地図上で直接選択

１つ目の方法は図 VI－1のように地図上で直接選択する方法で、直感的でもっともわかりやすい方法です。図 VI－1からツールバーの①「編集モード切替」をクリックしマ

(29)　１～３までの方法は VI 章１．「地物の選択と選択解除」で、４の方法は VI 章６．「バッファとクリップ」で順に取りあげ、解説します。

ウスを地物選択モードに変え、②の部分（選択する地物）をクリックすると、選択された地物の色が黄色（いつもこの色になります）に変わり、選択されたことを示します。複数箇所を選択する場合は「Shift」キーを押したまま、選択する箇所をクリックします。範囲の設定（「Shift」キーを押したままドラッグする）による選択もできます。図 VI－1の属性テーブルでみるように、属性テーブル上でも選択された地物の箇所は反転され、選択されたことを確認できます。さらに、属性テーブルの上段（⑤）では選択された地物の件数が表示されていることも確認でき、地物数が多い場合、属性テーブルをスクロールさせなくても選択された件数を簡単に確認することができます。

2）属性テーブルから選択

地物を選択する２つ目の方法は属性テーブルを用いて選択する方法です。図 VI－1④（行の数字：この例では59）をクリックすることで地物を選択できます。複数の地物を選択する際には、「Ctrl」キーとあわせて選択することで離れている複数の地物を選択することができます。なお、「Shift」キーとあわせて行うことで範囲設定による選択もできます。さらに、条件式を作成して地物を選択することもできます。

条件式による選択方法については、広島市図の中から複数箇所に散在する水面調査区（図 VI－2①参照）を選択する例で解説します。

図 VI－1　地物の選択

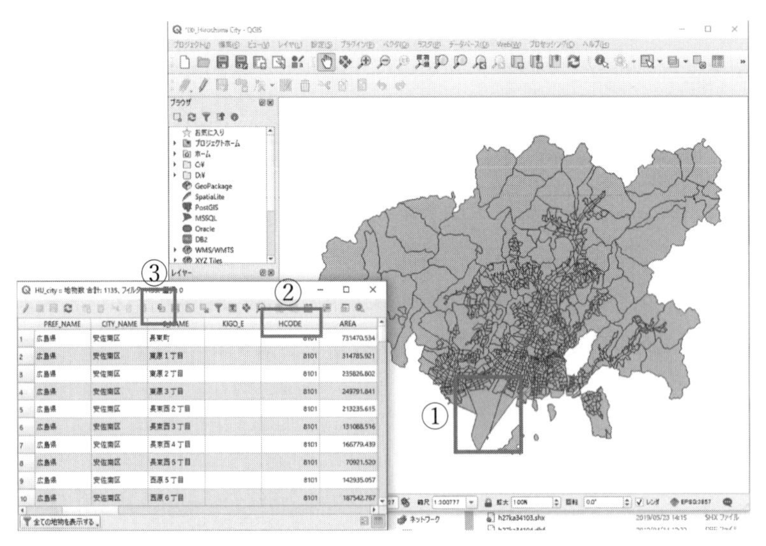

図 VI－2　属性テーブルのフィールドで指定

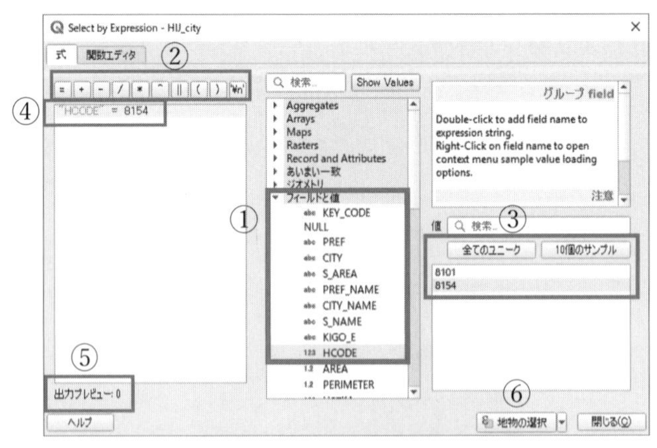

図 VI－3　選択条件の指定

まず、選択するレイヤの属性テーブルを開け、分類コードをさすフィールド名（HCODE）（図 VI－2②参照）を確認します。内容はマップファイルの定義書にあるとおりですが、陸地である8101と水面である8154でなっており、図 VI－2の属性テーブルを確認してみると、該当する場所が複数あることが確認できます。

つぎに、地物を選択するため、属性ツールバーから「式を使った地物の選択」（図 VI－2③）をクリックします。条件式を設定するウィンドウが表示されます。ウィンドウは、図 VI－3のように3つの領域に区分されています。左側は入力した式が表示される箇所です。中央部ではフィールドや各種演算子などの選択、いわゆるパラメーターを設定する

図 VI－4　選択された地物の確認

箇所です。右側ではフィールド内に格納されているデータの値を確認できます。

つぎに、図 VI－3での数式作成について詳しく解説します。中央部のパラメーター設定の箇所（図 VI－3①）で「フィールドと値」を選択し、表示されたフィールド名のなかから条件指定をする「HCODE」をダブルクリックします。この操作で「HCODE」が左側の式入力箇所に入力されていることが確認できます。つぎに「よく使う演算子」グループ（図 VI－3②）から「＝」をクリックし、つづけて指定しようとする水面調査区を確認後入力します。そのため、図 VI－3③の中の「全てのユニーク(30)」をクリックします。条件式は図 VI－3④に「"HCODE"＝8154」となり、図 VI－3⑤から条件式に問題がないことが確認できました(31)ので、⑥「地物の選択」をクリックします。これで、作成した条件に合致する地物が選択され、選択された地物は黄色になり、図 VI－4のとおりに選択されたことを示します。複数の地物が一回の条件式の設定で選択されていることがわかります。

さらに、AND や OR などの演算子を用いることで、今回記述したような比較的簡単な数式を複数個利用することもできます。このような条件式を使うためには式の記述に必要なルールを覚える必要がありますが、効率よく複雑な条件を充足する地物を指定する（見つけ出す）ことができます。本格的な利用については後述しますが、本節では数式を用いる地物選択の基本的な使い方を取りあげました。

---

(30) 「全てのユニーク」はフィールド内にあるデータの全種類を表示します。値の種類が多い場合は、目視での確認が大変になるため、そのなかで10個だけサンプルとして表示してもらえるのが右側の「10個のサンプル」です。ここでは、値は8101と8154の２種類であることを定義書から確認できたので、前者を選択します。両者の特徴を理解したうえで、使い分ければいいでしょう。

(31) 図 VI－3⑤で「式が不正です」などと表示されれば、まだ条件式が不完全か、条件式に問題があることを意味します。式の完成後にもこのように表示されれば、式を見直す必要があります。式に問題がなければ、出力プレビュー 0 など数字が表示されます。

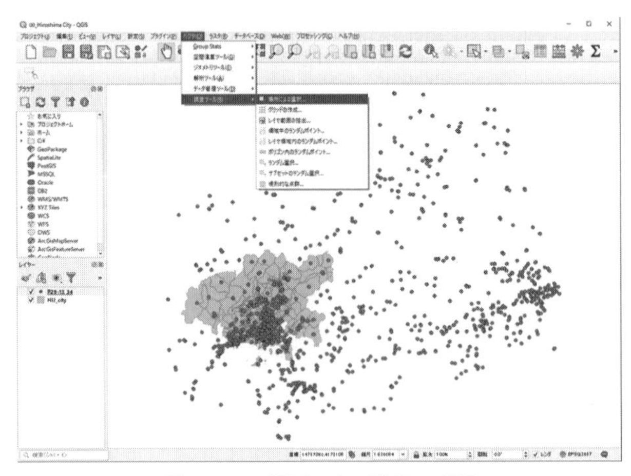

図 VI－5　場所による選択の手順

3）空間情報を利用した選択

この手法は、選択するレイヤではなく別のレイヤがもつ空間情報を利用して選択する方法で、複数レイヤを利用して行う高度な選択方法です。ここでは、広島県のすべての学校データから広島市内の学校を選択する例を取りあげ解説します。

広島県の学校データには、KEY_CODE などのような広島市内であることを特定できるフィールドが含まれていません。そこで別に広島市図を用意し、2つのレイヤから広島市図の内側に位置する学校、つまり広島市内の学校を選択します。前節の方法を使うためには、学校レイヤの属性テーブルから広島市内を特定できるフィールドが必要です。しかし、この例ではそのようなフィールドが存在しません。

本節で解説する方法はこのように、選択範囲に関する情報がないか、または効率的な選択ができない、いずれかの場合に有効な方法です(32)。

図 VI－5に示したとおり、メニューバーから［ベクタ］→［調査ツール］→［場所による選択...］を順にクリックし、空間条件の指定ウィンドウ（図 VI－6）を表示します。

つぎに、図 VI－6①に選択したい（選択対象）レイヤ名を指定し、②で条件を設定します。ここでは学校レイヤのデータの中、広島市レイヤ（③で選択します）と重なるデータを選択したいので、「交わる」にチェックを入れます(33)。つづけて「実行」をクリック

---

(32)　具体的には、図 VI－5のマップウィンドウに学校と広島市図が表示されていることから両者には位置情報が含まれていることがわかります。この情報を利用して学校レイヤのデータから広島市内に位置するデータを選択する方法です。

(33)　この際、レイヤの CRS が同類でないといけません。トラブルを防ぐため、CRS を合致させてからのほうが望ましいでしょう。

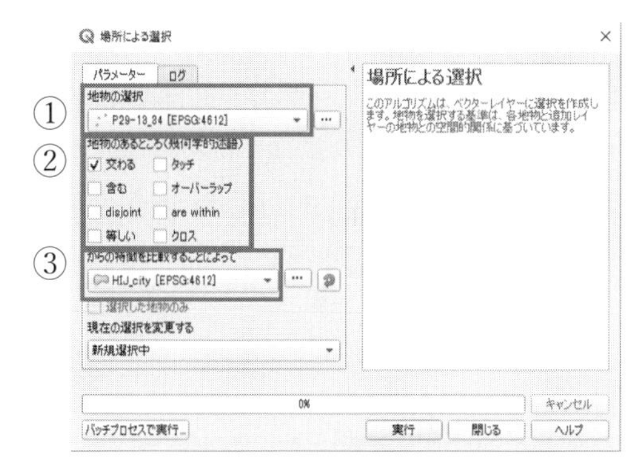

図 VI－6　空間条件の指定

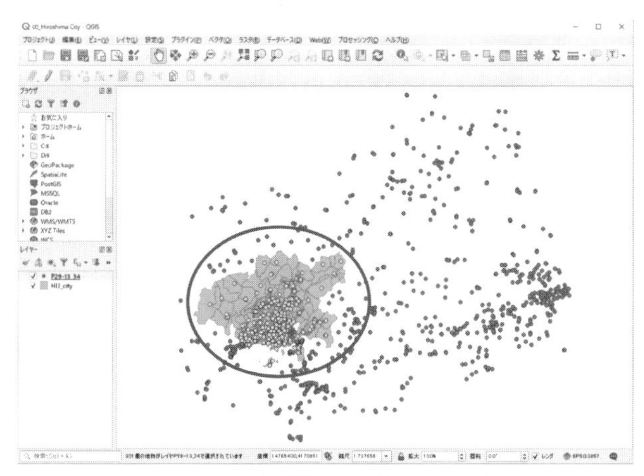

図 VI－7　空間情報で選択された地物

し、選択が終わるのを待ちます。

選択が終わると、図 VI－7 の楕円のなかのように広島市図の内側にある学校だけが黄色に変わり選択されていることを示します。ここまでが選択対象レイヤと選択条件になるレイヤをそれぞれ指定し選択する方法です。

（2）選択の解除

前節では地物を選択する方法について解説しましたが、選択された地物は選択を解除するまで“選択されたまま”の状態になります。これでは他の作業に影響を与え予期せぬ結果を返したり、つぎの作業を継続することができなかったりします。そのため、確実に選択を解除する必要があります。選択解除は、ツールバーのアイコン（図 VI－1③）をクリックすることでできます。

選択箇所をもう一度クリックすることで、選択が解除されるソフトが多くありますが、QGISではこの操作を行っても選択は解除されません。選択解除のアイコンをクリックすることでのみ、選択が解除されます。簡単な操作ではありますが、GISの学びはじめの際には選択解除ができず困る場面が多いと思いますので、選択を解除する方法を確認しておきましょう。

2．地物の一部削除

ここでは前節で学習した地物の選択に加え、選択した地物を削除する方法を解説します。

はじめに対象地物を選択します。取り除きたい地物の数が少なく、場所を知っている場合は地図上で目視により選択できますが、そうじゃない場合は条件式で指定し削除する方法が確実です。ここでは広島市内の水面調査区を選んで削除することを例に解説します。

つぎに、前章で取りあげた定義書（図Ⅳ-12）を参考に、HCODEフィールドを確認します。8101（町丁・字など）と8154（水面調査区）に区分されていることがわかります。属性テーブルを開き、HCODEフィールドの値が水面調査区である8154である地物を選択します。つづいて、選択した地物を取り除く編集のための操作です。この操作にはデジタイジングツールバーが必要です。図Ⅵ-8でみるようにツールバーの2段目のグループ

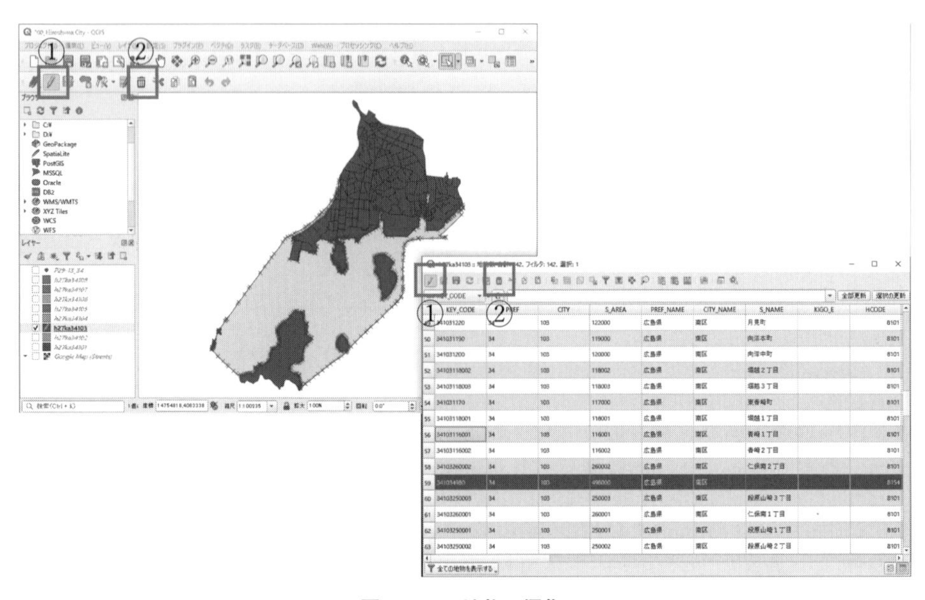

図Ⅵ-8　地物の編集

を使い、地物の削除や移動、修正、新規追加などができますが、本節では地物の一部削除のみを取りあげます。

図VI－8の①「編集モード切替」をクリックすると、地図上の選択された地物は図VI－8のように赤色の境界線とノード箇所のバツ印で編集可能であることを示します。この際、対象となる地物が選択されてないとツールバーのアイコンが灰色のままで、選択できる状態にならないので、注意が必要です。

つぎに図VI－8①「編集モード切替」により選択されたことを確認したうえ、②「選択地物の削除」をクリックすると選択された地物は削除されます。操作後はもとに戻すことができませんので、操作は慎重に行う必要があります。最後に、忘れず再度図VI－8①をクリックし、編集モードを終了します(34)。

3．地物の抽出（選択保存）

前節で地物を選択する3つの方法について解説しましたが、この「選択」のあと、選択した地物を「名前をつけて保存」することで、私たちが普段使っている表現を借りると、大きいデータのなかから必要な部分のみを切り取ることができます。いいかえれば、QGISでは切り取るという操作は、「選択」→「名前をつけて保存」の2段階で行うことになります。

具体的には、選択された地物が表示されているレイヤを選択し反転させて右クリックし、図VI－9のような操作メニューを表示させます。そのなかから、「エクスポート」→「選択地物の保存...」を順にクリックし、図VI－10の保存設定のためのプロパティウィンドウを表示します。そのなかの項目（①～④）を確認し設定したあと、下部の「OK」をクリックして保存します。

その際、注意が必要な箇所はつぎのとおりです。保存を実行する前に必ず確認しましょう。

1つ目は、保存する形式（図VI－10①）は現バージョンのQGISの場合、デフォルトでGeoPackageとなっています。従来作成し蓄積してあるものや他人との共有などもありうるので、ここではESRI Shapefileを選びます。

2つ目に、ファイル名は図VI－10②のウィンドウに直接書き込むとエラーになります。必ず右側の「…」をクリックして現れたウィンドウ上で保存先のフォルダを決めてから

(34)　操作終了後、編集モードを終了せず他の作業を続けると、間違って地物を削除したり、移動させてしまったり、予期せぬ結果につながりかねます。編集終了後には忘れず編集モードを終了します。

ファイル名を書き込みます。

3つ目は、図VI－10③でエンコーディング（文字コード）を設定します。この設定を忘れると属性テーブルの文字が意味不明の記号に変わってしまう、いわゆる文字化けが起

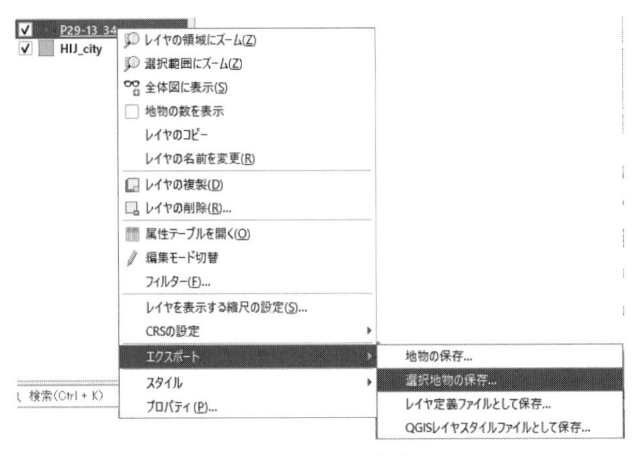

図VI－9　選択地物の保存

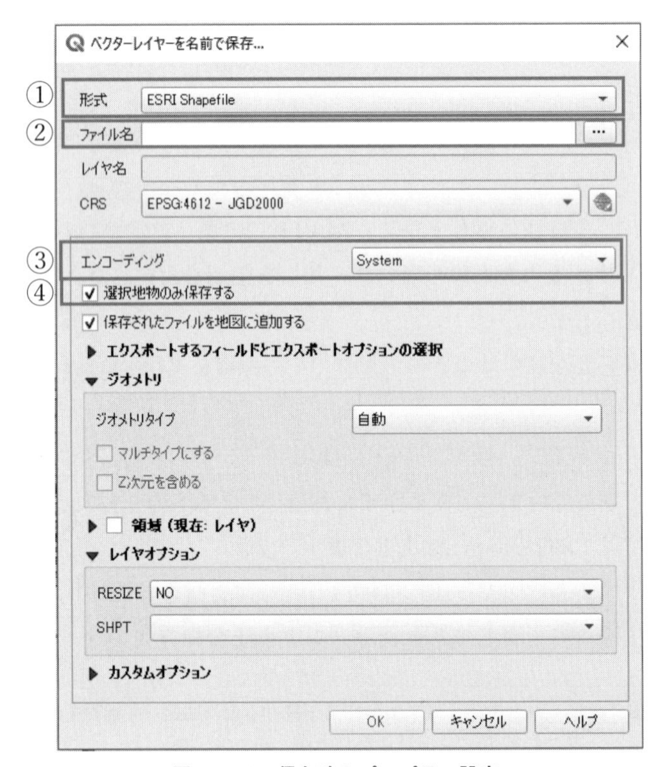

図VI－10　保存時のプロパティ設定

こる場合があります。エンコーディングはデフォルトでUTF−8になっています。ウィンドウOSで使われる文字コードはShift-JISですのでかならずShift-JIS、あるいはウィンドウのシステムが使っている文字コードを意味するSystemを選びます。とくに、ウィンドウ以外のMacOSやLinuxなどを使っている場合、注意が必要です。

最後に忘れず、図VI－10④で「選択地物のみを保存する」にチェックが入っていることを確認します(35)。つづいて、下部の「OK」をクリックすると、マップウィンドウに選択された地物だけでできている新しいレイヤが表示されます。

4．レイヤの結合（マージ）

レイヤの結合とは、複数枚のレイヤをつなぎ合わせて１枚のレイヤにつくり直すことです。QGIS上での操作は、基本的にレイヤ単位で行われます(36)。例えば、広島市図を表示するには、８つの区のレイヤをマップウィンドウに表示する操作が必要です。そのため、広島「市」を単位として地図を表示したり分析したりするためには８つの区のレイヤのままで操作するよりひとつのレイヤにまとめてから操作するほうが、１回の操作ですむので操作効率が上がります。このように複数のレイヤをひとつにまとめることを結合(37)といいます。

QGISのメニューの表示はバージョンによって漢字とカタカナ（マージ）が混在していますので、英語（merge）もあわせて覚えておいたほうがいいでしょう。本節では各区のレイヤ８枚をつなぎ合わせて１枚の広島市のレイヤをつくることを事例に解説します。

複数枚のレイヤを結合するには、図VI－11を参考にメニューバーから順に、［ベクタ(O)］→［データ管理ツール（D)］→［ベクタレイヤの結合...］とクリックしていき、図VI－12のようなベクタレイヤの結合に必要な条件の入力や指定を行うウィンドウを表

(35)　以前のバージョンから改善され、現バージョンではデフォルトでチェックが入っています。うっかりこのチェックを外してしまうと、すべての地物を保存してしまい、もとのレイヤと同じものが保存されることになりますので、注意が必要です。

(36)　本節で取りあげるレイヤの結合や複数のレイヤの関連付けをもとに行う操作は別ですが、とりわけ地図の表現や編集などはレイヤ単位での操作が必要です。

(37)　複数のレイヤを結合するには、結合するすべてのレイヤが同じジオメトリ形式でないといけません。例えば、データと線のデータのような形式が異なるデータを結合することは考えにくいですが、複数の同じ形式の点や線、面などのデータをひとつのレイヤにまとめる場面は多くあります。この際、CRSが異なるレイヤが混じっている場合、かならずCRSをあわせる（図VI－12②のとおりCRSが全レイヤで一致していることがわかる）必要があります。さらに詳しくいえば、緯度経度か平面直角かだけ一致させておけば、エラーメッセージは表示されますが、一応実行されます。しかし、後の分析などに支障が生じる場合がありますので、できるだけこの段階でCRSをあわせておきましょう）。

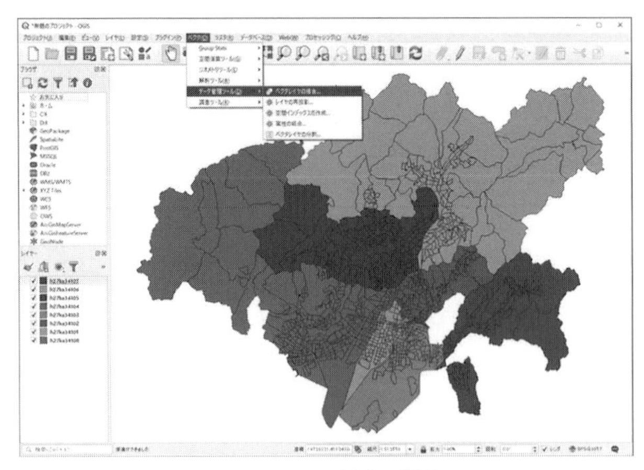

図 VI－11　レイヤ結合の開始画面

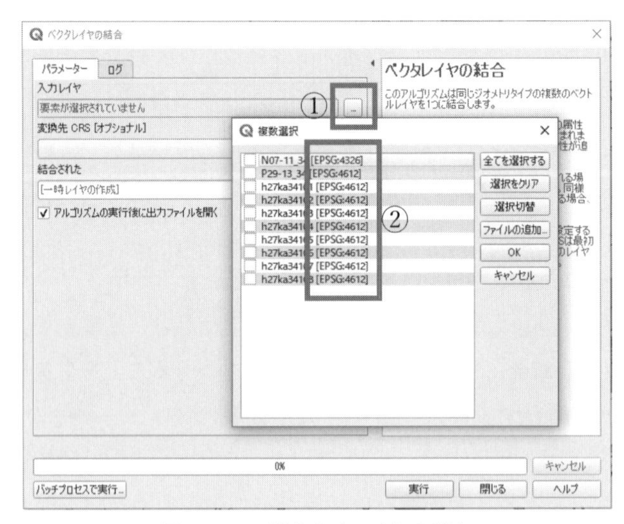

図 VI－12　結合するレイヤの指定

示します。

はじめに、図 VI－12に従って入力レイヤを選択します。「入力レイヤ」の右端のアイコン（図 VI－12①）をクリックすると、図 VI－12の前面に表示されたウィンドウのように結合するファイル(38)の選択画面になります。今回の例では広島市の８つの区、h27ka

(38)　ウィンドウに表示されたすべてのレイヤ名の右端に［EPSG：4612］とありますが、これがCRSを表すものです（図 VI－12②）。結合を行う際、異なるCRSをもつレイヤが混じっていると結合することはできません。このリストで結合するすべてのレイヤのCRSを確認する必要があります。レイヤのCRSが一致しない場合はCRSをあわせてから結合をやり直します。

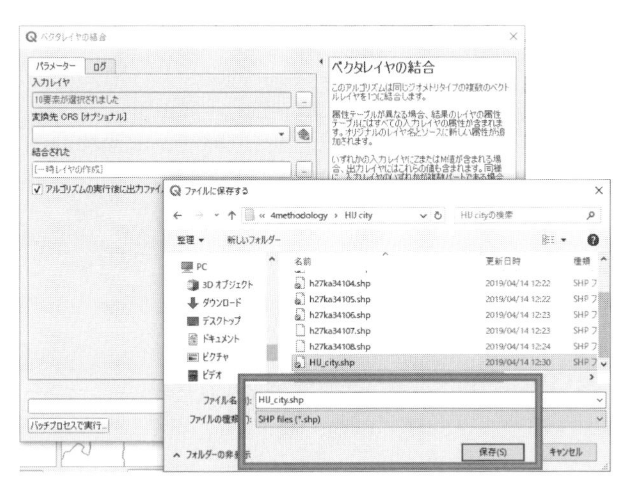

図 VI－13　結合結果の保存名の指定

34101～8まで8枚のレイヤを結合するので、それらを選択し、「OK」をクリックします。

つぎは、「結合された」の右端のアイコンをクリックし、図 VI－13のように結合した結果を保存するファイルの名称を指定する画面を表示させます。クリックして「ファイルに保存...」を選択し、保存したいフォルダと名前を指定して「保存」をクリックします(39)。クリックすると「ファイルに保存...」のウィンドウは閉じられ、これまで選択した内容などは図 VI－14から確認できます(40)。結合したレイヤをマップウィンドウ上に表示する場合は、「アルゴリズムを実行後に出力ファイルを表示する」（図 VI－14①）にチェックを入れます（デフォルトではチェックが入っていますので、ファイルを作成するだけならチェックを外します）。

つぎに、右下の「実行」をクリックすると、図 VI－15のように新しいレイヤ(41)が表示されます。結合の結果を確認するため、属性ファイルを開いてみると、データの件数が図 IV－42の上部に示したとおり、地物数は1,135件で、8区のすべての地物をあわせた件数と一致していることがわかります。このことからレイヤが正しく結合されていることが分

(39)　この際、「一時レイヤの作成」をクリックすると、マップウィンドウに結合された新たなレイヤが表示されます。この結合ファイルは保存されず、QGIS の終了とともに削除されます。これは結合ファイルをメモリ上に置いたまま一時的に使用するだけで、保存されません。したがって、QGIS の終了によりデータはメモリから消され、結合された表示はマップウィンドウから削除されます。しかし、レイヤウィンドウにはレイヤ名が残ったままですので、ユーザーが削除する必要があります。

(40)　この画面（図 VI－13）で、入力内容や各項目の選択に間違いがないことを確認します。これが最終確認になりますので、すべての項目をしっかり確認します。

(41)　結合されたレイヤの名称は、‘結合された’となります。このままではわかりにくいので、名称を変更すればいいでしょう。この例では HIJ_city と変えています。

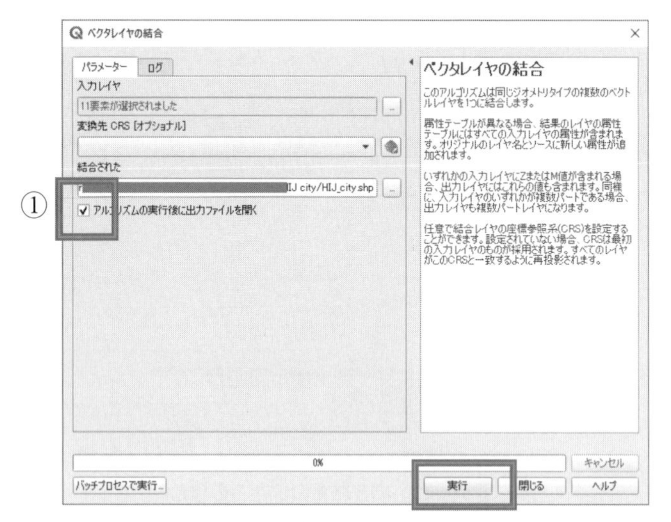

図 VI－14　結合前の最終確認と実行

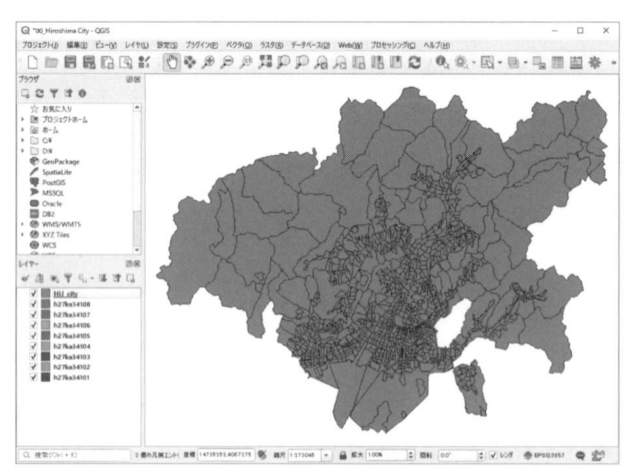

図 VI－15　結合の結果

かります。

結合された新しいレイヤ（図 VI－15）の外見は、図 VI－11と異なり、区ごとに色で区分されておらず、全体が同じ色で塗りつぶされています。これは、8つのレイヤがひとつのレイヤに結合されたことを意味します。また、レイヤウィンドウから確認できるよう、結合されたレイヤ（レイヤ名から確認）がもっとも上になっているため、区ごとのレイヤは裏（下）になっていることも確認できます(42)。レイヤウィンドウの上から下に並んでいるレイヤ名は、レイヤを重ねた順番であることもわかります。このように取りあつかうレイヤが増えると、必要に応じてレイヤの順番を替えたり(43)、不要なレイヤは非表示にしたりすることが必要になります。

5．レイヤの融合（ディゾルブ）

レイヤの融合とは、ひとことでいうと、1枚のレイヤのなかの複数地物を統合することです。例えば、市内の○○町□丁目などのような詳細な地物データから区単位に束ね、区より下のレベルの地物をひとつに統合することをいいます。レイヤの融合は、自分好みの地図の作成はもちろん、各種の分析においても、欠かせない編集機能のひとつです。

本節では、8枚のレイヤを結合してつくった広島市図をもとに、今度はレイヤの「区の名称」フィールドをもとに、区単位で区切られた区界図の作成方法を例に解説します。

融合を行うためには、図 VI－16のとおり、メニューバーから［ベクタ］→［空間演算ツール］→［ディゾルブ(44)…］の順にクリックし、設定ウィンドウを開けます。

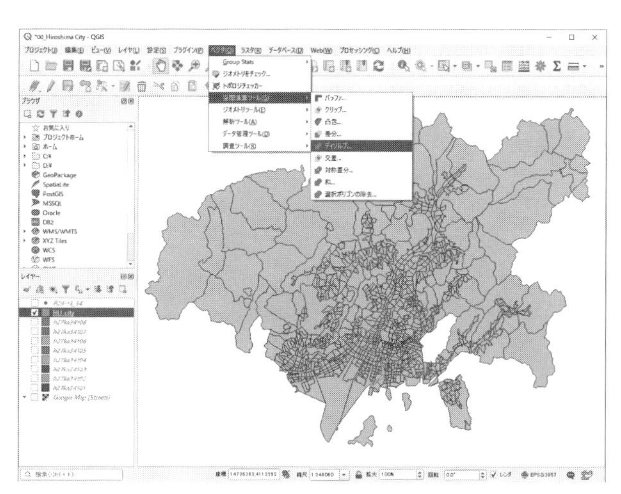

図 VI－16　融合の開始画面

融合とは、基準になるフィールドの値をもとに、同じ値の地物をひとつの地物に束ねていくことです。つまり、広島市図をもとに区の名称（あるいは区コード）のようなフィールドで融合を行うと、広島市内の区の数の地物で構成された地図がその結果物になりま

(42)　結合直前に選択されたレイヤ（レイヤウィンドウ上で確認できます）のすぐ上に新しいレイヤが置かれます。この例では8つの区のレイヤの最上部が選択されていることを前提に説明しています。

(43)　レイヤの順番変更は、レイヤウィンドウからレイヤ名を上下に動かして行います。

(44)　QGISのバージョンによってディゾルブや、dissolve、融合など表現がバラバラなので、一緒に覚えておくと便利です。

す。さらに、広島市図をもとに市や郡の名称（あるいは市コード）などで融合すると、広島市内のすべての地物は広島市に属するため、地物数はひとつ、つまり広島市の境界線だけでできたひとつの地物をもつ広島市図がその結果物になります。これで融合の概念がイメージできたと思います。

では、操作の手順を解説していきます。融合の際は、基準にするフィールドを指定する必要があります。設定ウィンドウ（図 VI－17）から、基準にするディゾルブフィールド（図 VI－17①）をクリックすると、左下部のようなウィンドウが開き、レイヤ内のすべてのフィールドリストが表示されますので、事前に確認しておいたフィールド名を選択します。ここでは、CITY_NAME（区名）（図 VI－17②）またはCITY（区コード）にチェックを入れ、「OK」をクリックし確定します。

つづいて、融合した新しいレイヤ名を、図 VI－17③をクリックして場所と名称を記入、確定します。つぎに、操作終了後マップを表示させるため、図 VI－17④（デフォルトでチェックが入っている）にチェックが入っていることを確認します。融合は図 VI－17⑤の実行をクリックして終わります。図 VI－18のようにマップウィンドウには区界線だけでできた新しいレイヤが表示されていることが確認できます。本書ではレイヤ名を図 VI－18のとおり、HIJ_district に変更しています。このように融合されたレイヤは、図 VI－19で確認できるように地物数の属性をもちます。この例では広島市の区の数が８つなので、地物数（属性テーブルの行数）は８になります。しかし、この際、融合の基準となるフィールド（図 VI－17②）以外のデータは、それぞれ最初に該当する地物のデータがそのまま表示されるだけで、再計算されたものではありません。例えば、人口や面積など

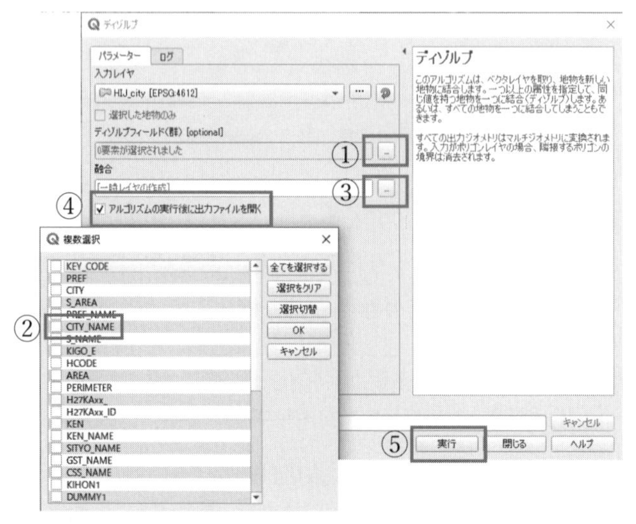

図 VI－17　融合の設定画面

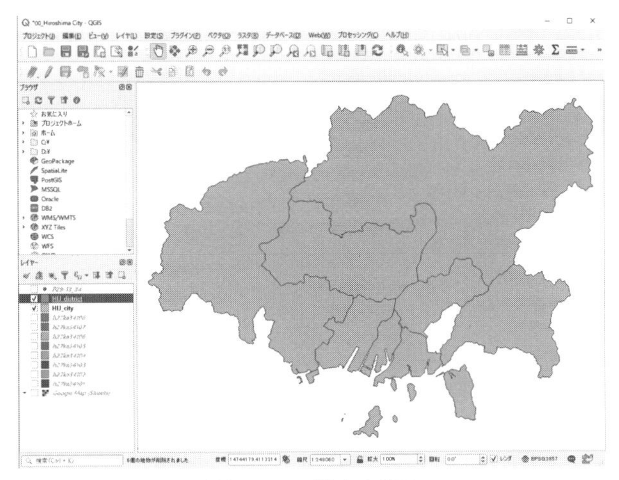

図 VI－18　融合の結果

HU_district : 地物数 合計: 8、フィルタ: 8、選択: 0

	KEY_CODE	PREF	CITY	S_AREA	PREF_NAME	CITY_NAME	S_NAME	KIGO_E
1	34104303001	34	104	303001	広島県	西区	中広町１丁目	
2	341030140	34	103	014000	広島県	南区	仁保町	E1
3	34106715001	34	106	715001	広島県	安佐北区	口田１丁目	
4	341020010	34	102	001000	広島県	東区	戸坂町	
5	341078300	34	107	830000	広島県	安芸区	阿戸町	
6	34105169001	34	105	169001	広島県	安佐南区	山本新町１丁目	
7	341084380	34	108	438000	広島県	佐伯区	杉並台	
8	341010430	34	101	043000	広島県	中区	白島北町	

全ての地物を表示する

図 VI－19　融合されたレイヤの属性数

（ほかすべて）は、そのままでは使えなくなります。各区の人口の合計や世帯数、面積など（ほかすべて）のデータが必要な場合には、別途合計を求め、新しい属性をつくる必要があります。

6．バッファとクリップ

（1）バッファ

1）バッファの概念

GIS でいうバッファとは、選択した地物の縁からの指定距離を結んでできたポリゴン（面）をいいます。GIS で利用できる地図データの種別には、ポイント（点）・ライン（線）・ポリゴン（面）があり、各々の地物から指定された距離をつないでつくる面状の圏

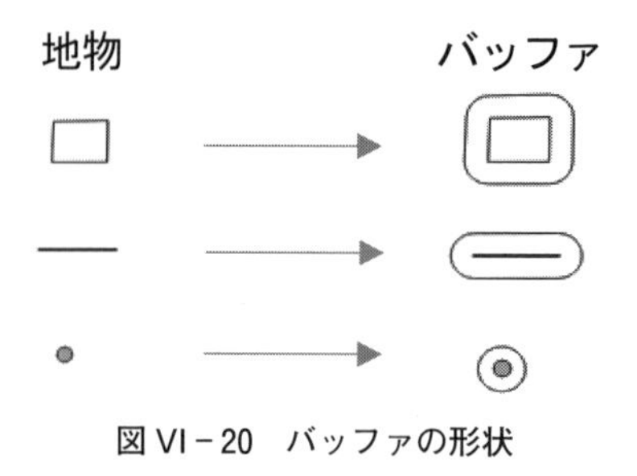

図 VI－20　バッファの形状

域をバッファといい、これを作成することをバッファをとる、またはバッファリングといいます。

バッファリングができる地物は、GISで利用できる位置情報をもつ図 VI－20左側（地物）のようなベクタデータです。この地物からバッファをとると、図 VI－20右側（バッファ）のようになります。地物の形状によって異なりますが、対象地物の外周線から指定距離の地点を結んでいることがわかります。対象地物が複雑な形状をしている場合でも、外周線から指定距離の地点を結んだ面になりますので、指定地物からの一定距離内を計算しポリゴンをつくるなどの分析の際に、利用できる有用なツールです。

バッファをとる際、一定の距離を指定する必要があります。私達が直感的に理解しやすい距離の単位は、緯度・経度に用いられている‘度’ではなく、‘メートル’などです。GISでは、‘度’と‘メートル’、両者が使われています（標高に影響を受けない‘度’を使って場所を特定する地図があるのに対して、今回のように、バッファなどを利用するのに適した‘メートル’などを用いて距離を特定するのに適した地図もあります[(45)(46)]）。そのため、レイヤのCRSを距離測定に適した投影座標系による地図を用意する必要があります。つまり、平面直角座標系CRSを利用する地図になっていることが必要になります。

2）CRSの変換（地理座標系→投影座標系）

地図のCRSを変えるためには、CRS変換の設定を行い新たなレイヤとして保存する必要があります[(47)]。図 VI－21を参考に、該当レイヤを選択して右クリックし、［エクス

(45)　GISにおける単位はCRSにて指定されます。
(46)　GISを初学する多くの読者に、両者の適切な使い分けができず混乱に陥る場面が多々見受けられます。GISでは場所を特定する場合と距離を図る場合には、かならずCRSを地理座標系から投影座標系に変更する必要があることを覚えておきましょう！
(47)　QGISではレイヤのCRSを変換するためには、（CRSの変換設定のうえで）新しいレイヤとして保存する方法しかありません。

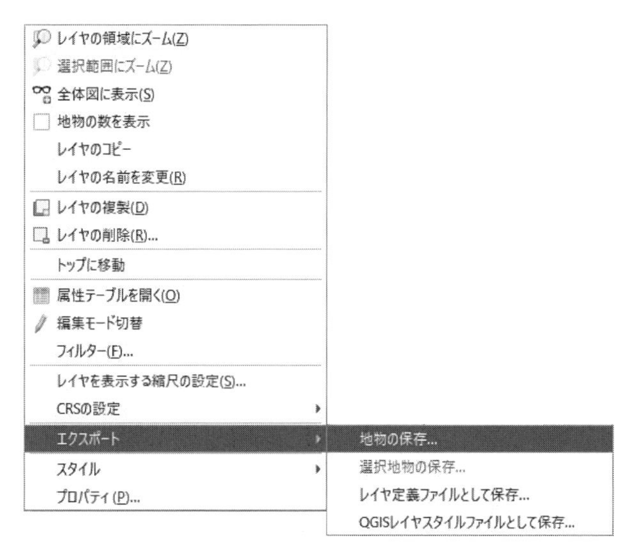

図 VI－21　レイヤの保存

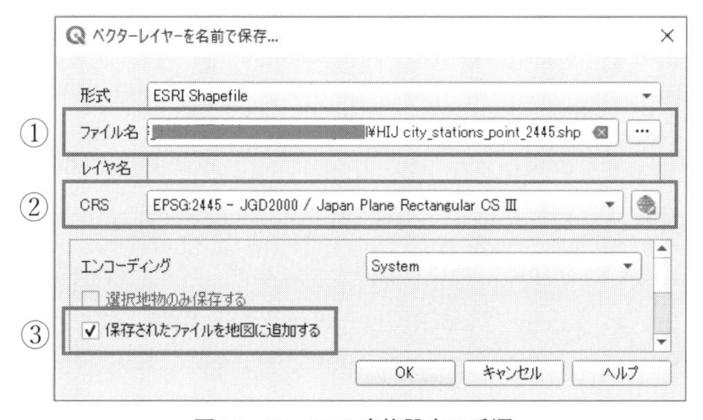

図 VI－22　CRS 変換設定の手順

ポート］→［地物の保存...］の順に進めていきます。

図 VI－22のように設定ウィンドウが表示されます。まず、保存形式が shp ファイルであることを確認します(48)。つぎに、図 VI－22①ファイル名をかならず右側の「…」をクリックし保存するフォルダを指定してから、ファイル名を書き込みます。つぎに図 VI－22② CRS は、デフォルトで現在のレイヤの CRS になっていますので、ここで変換したい CRS に指定します。「▼」をクリックすると過去使ったことがある CRS（履歴）が表示さ

(48)　QGIS では csv 形式やその他の形式データを保存することが多々あります。以前に他形式でファイルを保存したことがある場合、図 VI－22の「形式」が変更されたままになっていますので、忘れず確認を行います。

図 VI－23　CRS の選択

れますので、該当するものがあれば選択します。

該当する CRS が表示されなければ、その右側の CRS 選択アイコンをクリックして選択し指定します。CRS の選択ウィンドウ（図 VI－23）が表示されます。CRS はその種類がとても多く、必要なものを探すためには図 VI－23①フィルターで検索し絞っていく方が現実的です。ここでは、Japan Plane Rectangular と半角英字で打ち込みますが、一文字打ち込むことに対象が絞られます。この例では Japan Plane までを入力しました。これで図 VI－23②に①で入力した文字を含む CRS だけが表示されます。なかから表 II－1 を参照し、広島県に該当する平面直角座標系 CS Ⅲ[(49)]（EPSG2445）を選択します。選択した CRS は図 VI－23③に表示されますので、確認し「OK」をクリックします。表示ウィンドウが閉じられ、再び図 VI－22のウィンドウに戻りますので、図 VI－22③の「保存してからマップウィンドウに追加表示する」にチェックをいれ、最後に「OK」をクリックして終わります。これで図 VI－22①で入力したファイル名のレイヤが表示されますが、このレイヤは、CRS が距離を測ることができる投影座標系（平面直角座標系　CS Ⅲ）に変換されていることをレイヤのプロパティウィンドウから確認できます（図 VI－24枠内を参照）。

（49）　平面直角座標系については、II. 2.（2）平面直角座標系および表 II－1 で詳しく説明しました。

図 VI－24　レイヤ CRS の確認

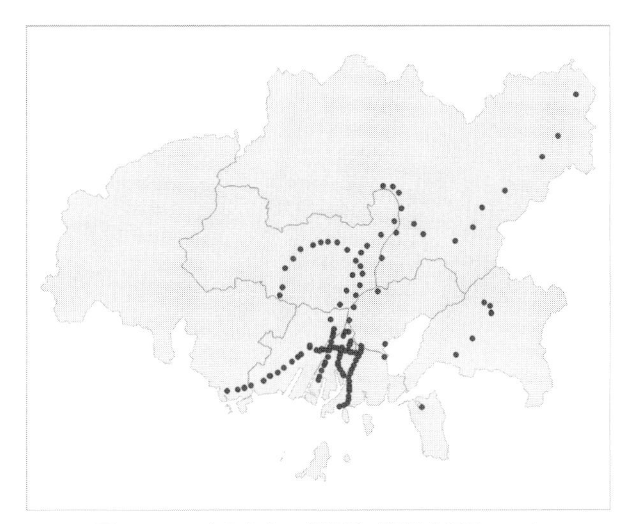

図 VI－25　広島市内の鉄道駅（投影座標系 CRS）

3）バッファリング

広島市内の駅図の CRS が距離の測定に適した投影座標系に変換できました（図 VI－25は広島市区界図に駅を表示した地図）ので、バッファリングの手順を解説していきます。

はじめに、図 VI－26を参考にメニューバーから［ベクタ］→［空間変換ツール］→［バッファ...］の順にクリックし、図 VI－27のようにバッファリングの設定ウィンドウを表示させます。

図 VI－27から入力レイヤ（図 VI－27①）に「▼」をクリックして広島市内の駅のレイヤを指定します。入力レイヤとはバッファリングを行うレイヤのことです。つぎに、図 VI－27②でバッファ距離（地物からの距離）を入力します。ここでは1,000m にします。

なお、右側の単位をクリックしてキロメートル、マイルなどに単位を変えることもできます。線分列はデフォルトで５ですが、特別な理由がなければそのままにしておきます。

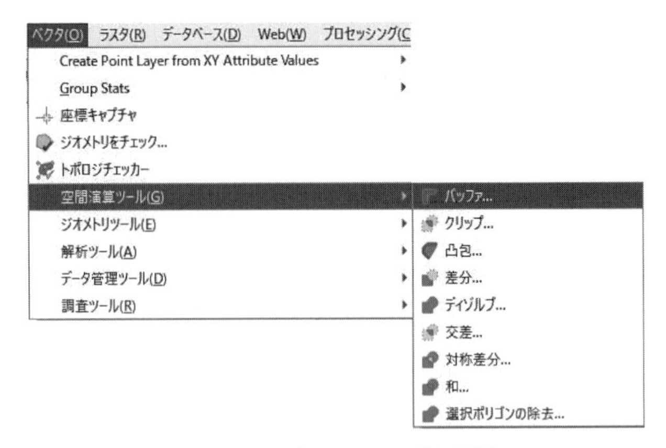

図 VI－26　バッファリングの手順

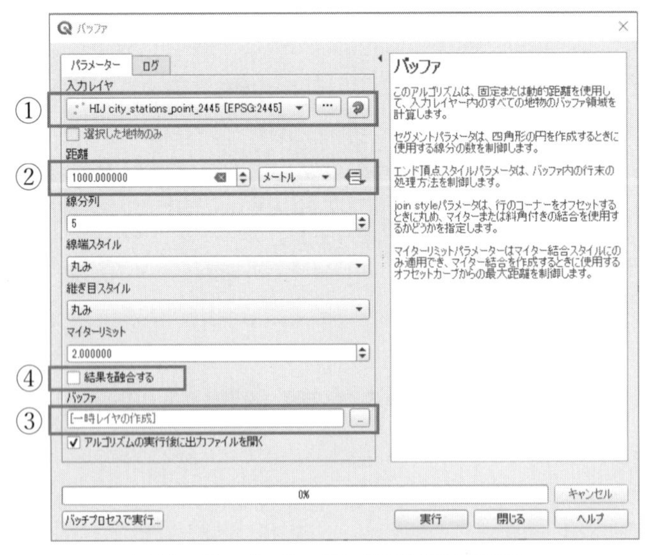

図 VI－27　バッファリングの詳細設定手順

値は99まで変更可能で、値が大きくなるほどバッファの線が（地図を大きく拡大しても）スムーズになります。

図 VI－27③バッファには、右側の「…」をクリックし、作成される保存するフォルダを選択してからファイル名を入力します。ここになにも入力せず、空白のままにすると一時ファイルが作成されますが、QGIS の終了とともにメモリから削除されます。しかし、レイヤウィンドウにはレイヤ名が残ったままになりますので、あとで削除する必要があります。これで設定は終わりです。

下部の「実行」をクリックすると、バッファレイヤが作成されマップウィンドウに追加

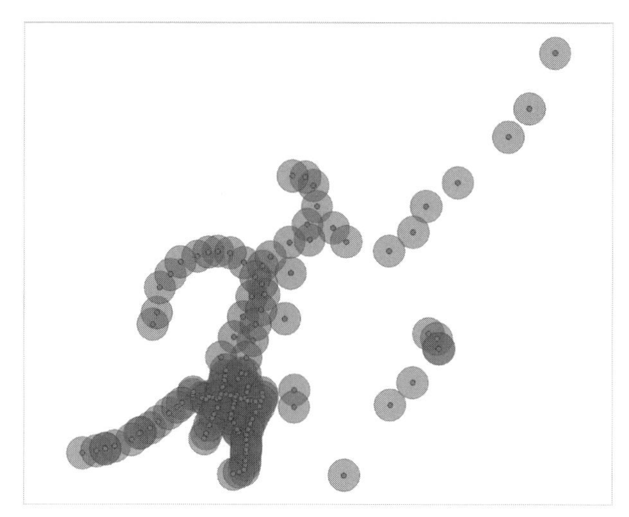

図 VI－28　バッファリングの結果

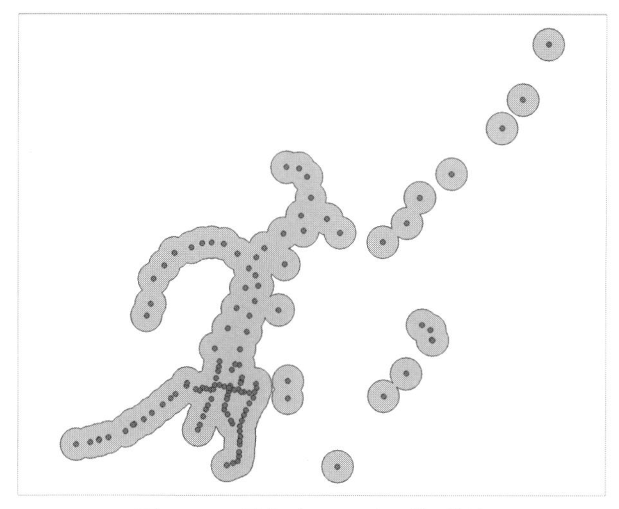

図 VI－29　融合バッファリングの結果

されます。この結果は図 VI－28に示したとおりで、バッファをとる地物と同じ数の半径1,000m の面（ポリゴン）が作成されていることがわかります。

なお、図 VI－27③バッファ（ファイル名の指定）の後、図 VI－27④にチェックを入れると、図 VI－28でみる各駅からの半径1,000m の面（ポリゴン）をひとつの地物に融合(50)し、その結果（図 VI－29参照）を表示します。

(50)　VI. 5. レイヤの融合（ディゾルブ）で詳しく説明しました。

（2）クリップ

クリップは、クリップをとるレイヤ（ポリゴンレイヤに限る）の内側の部分に値する対象レイヤ（ポリゴン・ライン・ポイントいずれのレイヤも可）を切り取ることをいいます。ここでは、図VI－30でみるように広島県のバス路線（ラインデータ）のうち、広島市内の部分（着色部分）を切り取ることを例に解説を進めていきます。

図VI－31を参考にメニューバーから［ベクタ］→［空間変換ツール］→［クリップ...］の順にクリックし、図VI－32のようにクリップの設定ウィンドウを表示させます。

図VI－32から、①入力レイヤに「▼」をクリックして広島県バスルートのレイヤを指

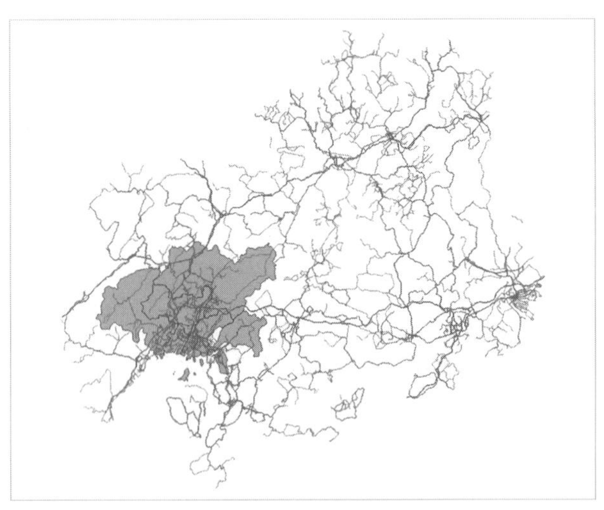

図VI－30　広島県バス路線と広島市区界図

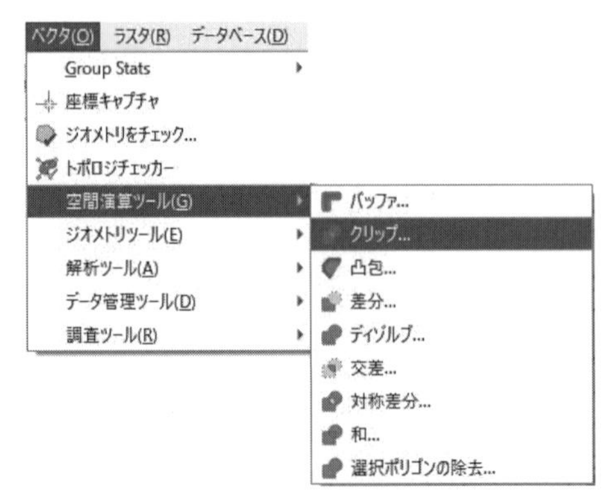

図VI－31　クリップの手順

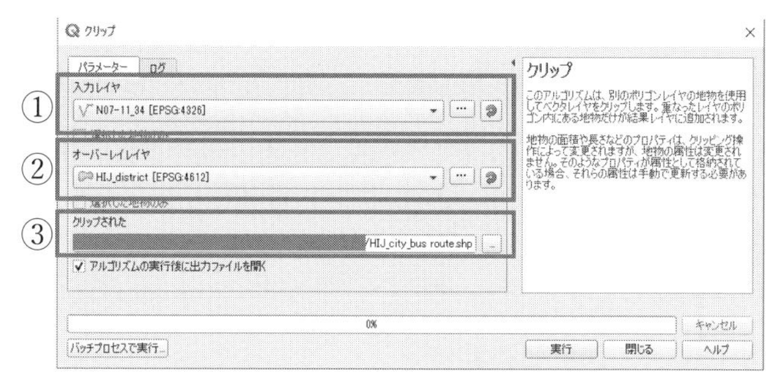

図 VI－32　クリップの詳細設定手順

図 VI－33　バスルートを広島市図でクリップした結果

定します。ここにはクリップの対象となるレイヤを選択にて入力します。つぎに、②オーバーレイレイヤに切り取りたい‘部分（形）’のレイヤを指定します(51)。ここでは広島市図になります。最後にクリップされたレイヤを保存するため、「…」をクリックし保存するフォルダを選択しファイル名を入力し、下部の「実行」をクリックしてクリップを取ります。追加されたレイヤは図 VI－33のとおりで、図 VI－30の中の広島市図の内側のバスルートが切り取られ表示されていることがわかります。

(51)　必ずポリゴンレイヤを指定します。クリップをとることはお菓子づくりにたとえることができます。お菓子づくりは、生地を広げその上につくりたいお菓子の形の‘型’を載せ押し付けて、さまざまな形のお菓子をつくります。ここで生地が選択される対象に、型がバッファに、押し付けることがクリップにあたります。したがって、①入力レイヤは生地に、②オーバーレイレイヤは‘型’に値します。

このようにクリップをとることは簡単ですが、図VI－32の①と②で指定するレイヤのCRSをあわせる必要があります。地理座標系（緯度経度単位）同士、または投影座標系（距離単位）同士にあわせておけば、警告は表示されますが作業に問題はありません。本節の例では、CRSが前者‘EPSG4326’と後者‘EPSG4612’になっていることが図VI－32①と②で確認できます。

（3）クリップと‘場所で選択’の相違

クリップを利用することで、対象地物を指定範囲の内側だけ切り取ることができることが確認できました。これに似ている機能で、VI章1.（1）.3）「空間情報を利用した選択」の方法を使って広島市内のバスルートを選択し、選択された地物のみを表示すると図VI－34のようになり、図VI－33との違いが明らかです。

‘クリップ’では範囲外の部分が切り捨てられるのに対して、‘場所で選択’では指定範囲に含まれるものは原型のまま残ります。したがって、図VI－34では広島市内を運行するバスルートは市街の部分もそのまま残り、図VI－33とは異なる結果になっています。両者の相違を理解しておきましょう！

図VI－34　バスルートから広島市図内を選択した結果

第４部　表現編　高度な表現と印刷

第４部では、政府系ウェブサイトからダウンロードした地図を含む各種データを編集、加工してつくり直した自分好みの地図やデータを高い表現力を活かして表現するために必要なことを取りあげます。

さらに、それらを配布などに向けてアウトプット（印刷）するために必要なことを取りあげます。

VII 高度な表現

前章では、ダウンロードした地図（広範囲図）から一部のみを切り取ることや、複数のレイヤをつなぎ合わせる結合、同一レイヤ内で条件を設定し境界を再編する融合などGISを使うために欠かせない地図編集に必要なスキルについて解説しました。これらの機能を組み合わせ編集を重ねることで思いどおりの地図をつくることができます。

本章では、前章までの作業でつくった地図を、よりわかりやすいものにするために必要なスキルについて解説します。

1．ラベル・コントロール

（1）基本表示

ここでは、地図本体以外に属性データとして含まれているデータのなかから地物の名称を利用し、地名を地図上に表示することを例に解説します。

まず、レイヤを選択しプロパティウィンドウを開き、ラベルを選択します。図VII－1のようなウィンドウが表示されます。枠内の上部の欄でラベルなしをクリックし単一ラベルを選択し変更します。

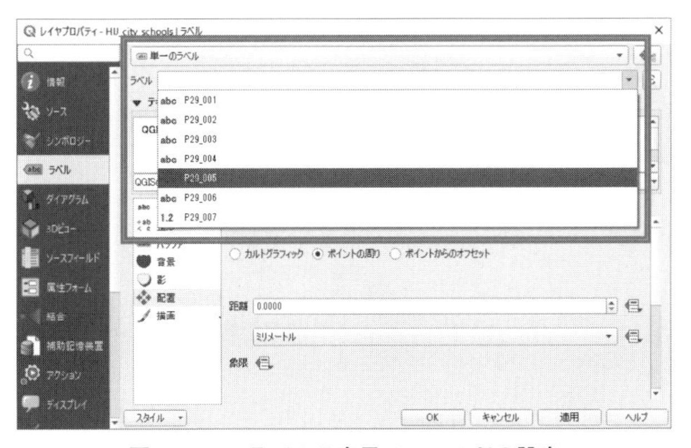

図VII－1　ラベルの表示フィールドの設定

つぎは、すぐ下の「ラベル」の箇所をクリックし、表示するフィールドを選択します。ここでは学校名を表示するのでP29_005を選択し(52)、下部の「OK」をクリックして終了します。この設定だけでもラベルは表示されます（図VII－3）が、デフォルトのままの表示です。ラベルの表示設定は図VII－2①からプロパティを細かく指定していきます。はじめに、図VII－2①から「テキスト」を選択すると、右側（図VII－2②）の上部にテキストと表示され、図VII－2①から選択されている項目が確認できます。同時に設定できる項目が表示されるので、必要な箇所を選択・変更します。ここでは図VII－2②で確認できるとおり、表示するラベルのフォントをゴシックに、サイズは10に、文字の色は黒に指定しました。

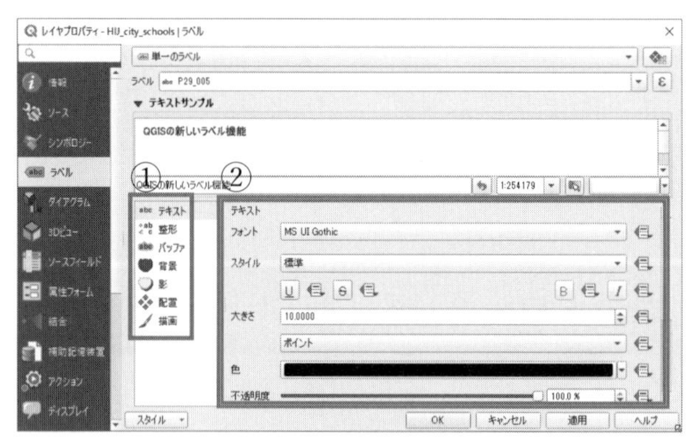

図VII－2　ラベル表示のテキスト設定

図VII－3　ラベルの表示結果

(52)　国土数値情報ダウンロードサービスからダウンロードしたもので、データについての詳細は図IV－33のようにフィールドについての説明が掲載されています。

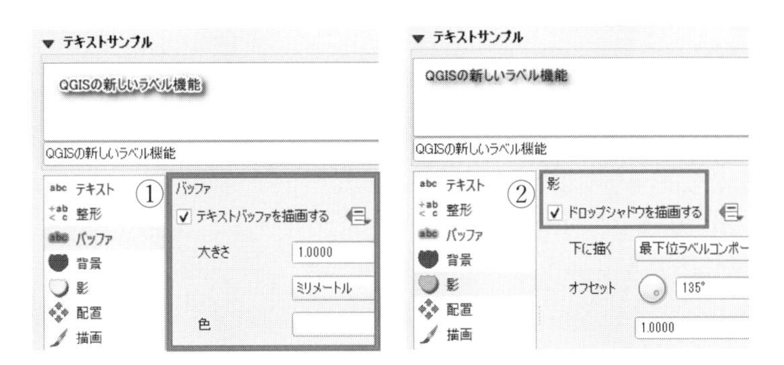

図 VII－4　ラベルの高度な表示設定

図 VII－5　ラベルの高度な表示設定の結果

図 VII－3はシンプルな表示で、もう少しラベルが目立つような設定が必要な場合は図 VII－4のような設定を加えます。図 VII－4①は表示するラベル文字の周辺の設定を行うもので、文字の縁 1 mm まで（大きさの指定）を白色（色の指定）に指定しています。これに加え、図 VII－4②では文字に影をつけています。図 VII－4の①と②での設定はデフォルトのままですが、それぞれのチェックボックスにチェックを入れるだけで一定の効果が得られます。さらに変更が必要なら、それぞれの指定箇所の値を変更してください。

図 VII－4①と②の表示設定に変更を加えた結果は図 VII－5のとおりで、変更を加える前の図 VII－3とは、印象が大きく変わります。

（2）条件付きラベル表示

前節ではすべてのラベルを一括して表示したり、変更を加えたりすることについて解説しました。ここでは指定条件によってラベルの表示が変わる、より高度なラベル表示について解説します。

条件の設定には、図 VII－1のようにレイヤのプロパティからラベルをクリックし、図 VII－6①で「ルールにもとづくラベリング」をクリックし選択します。このクリックでルール追加のためのウィンドウが現れますので、下部の「＋」（追加アイコン）をクリックしルール編集ウィンドウを表示させます。

図 VII－6②でルールの名称を「説明」に記入し、「フィルター」に条件設定のため、「式ビルダ」アイコンをクリックします。図 VII－6③のようなウィンドウが現れるので、「“P29_004” = ‘16007’」のように式を作成します。左下部の出力ビューが数字に変わり、式に問題がないことが確認できます。この条件式は、学校の分類コード（P29_004）が大学（16007）の場合を指します。この条件なら、図 VII－6④で指定する書式でラベルを表示するように指定します。ここでは、前節での説明を参考に表示する「ラベル」に学校の名称の P29_005を指定し、「テキスト」の大きさを10に、「バッファ」と「影」にチェックを入れ、右下部の「OK」をクリックし設定を確定します。ここまでのラベル設定の手順は図 VII－6のとおりです。これでデータが大学の場合のラベル書式の設定が終わりましたが、つづけて高校、中学校の場合の条件も設定します。

条件の追加は図 VII－6①で現れるルール追加のためのウィンドウに追加していきます。ここでは、図 VII－6③から「“P29_004” = ‘16007’」を参考に、高校は「“P29_004” = ‘16004’」とテキストの大きさを8に、中学校は「“P29_004” = ‘16002’」とテキストの大きさを6、色をグレーに、それぞれ設定したうえで、表示する「ラベル」は学校の名称を

図 VII－6　条件付きラベルの設定手順

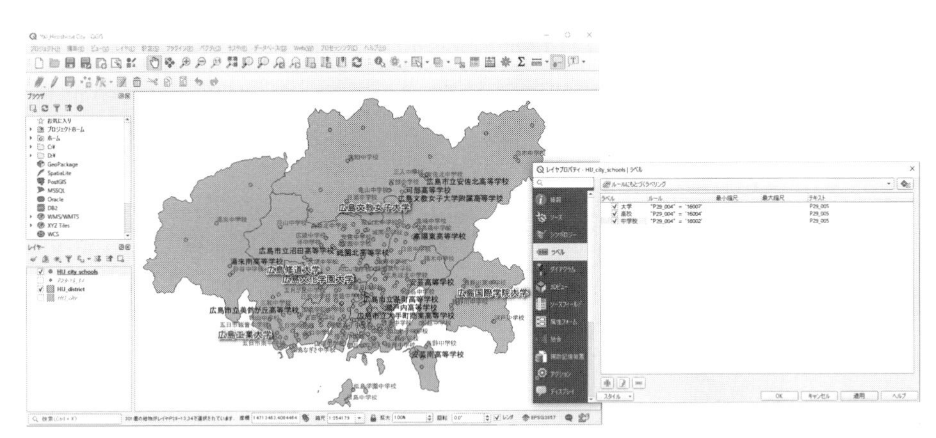

図 VII－7　ラベルの条件と表示結果

表示させるので大学と同じ P29_005を指定して終了します。ここまでの条件指定の結果は図 VII－7のとおりで、大学・高校・中学校のラベルが異なることが確認できます。この例では条件を満たしていない小学校やその他の学校はラベルがついてなく、点のみ表示されていることが図 VII－7 でわかります。それぞれの条件設定の詳細は同図右側の設定画面の指定とおりです。

この条件付きラベル表示機能で、地物のラベルに複雑な条件を設定し、それぞれ異なる書式で表すことができ、直感的かつ、わかりやすい表現ができるようになります。

2．シンボロジー・コントロール

ここでは、点と線のデータのプロパティの設定をとおして見せ方を変えることを取りあげ解説します。地図をより地図らしく表現する重要なスキルです。

（1）マーカーの変更（点データ）

ポイントデータは、デフォルトのままでは小さい円ですが、正方形や三角形、矢印、そのほかにも各種図形に変更できます。

1）シンプルマーカー

プロパティウィンドウからシンボロジーを選択し、図 VII－8①から現在選択されているマーカーを確認します。つぎに図 VII－8②で色や大きさを変更できます。QGIS に組み込まれているアイコンから選択することもできます。さらにスタイルマネージャ（図 VII－8③）アイコンをクリックすると、図 VII－9のウィンドウが表示されますので、図

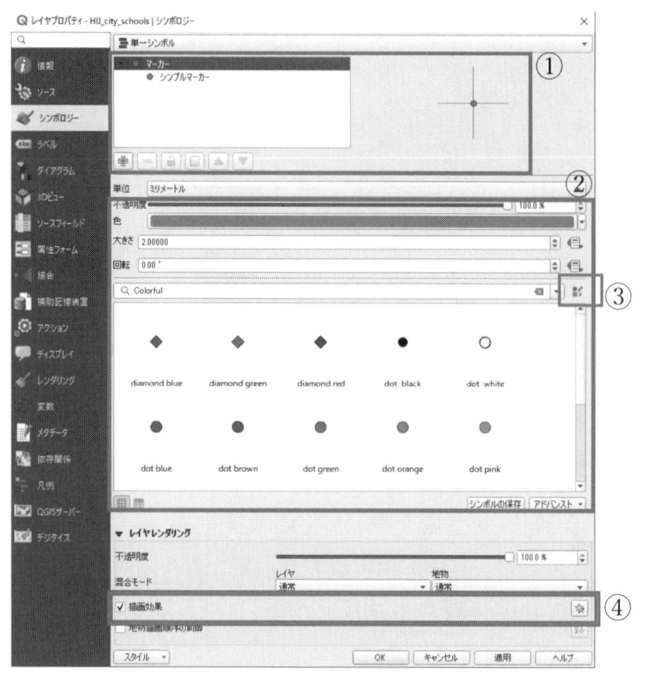

図 VII－8　シンボロジーの設定（マーカー）

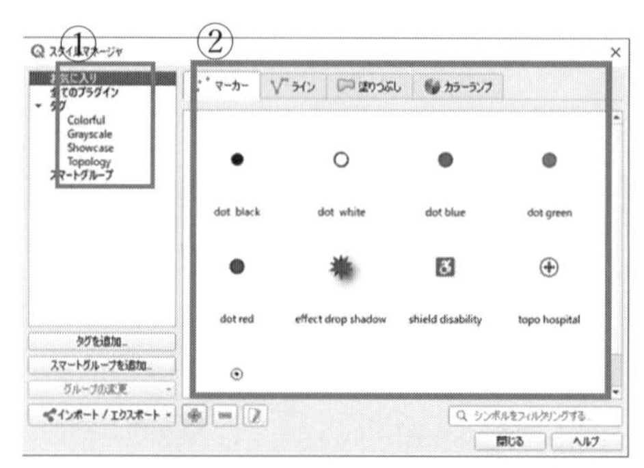

図 VII－9　スタイルマネージャ

VII－9の①と②で選択し、気に入るマーカーに変更できます。なお、レイヤのレンダリング設定のため、描画効果（図 VII－8④）をクリックし、図 VII－10を表示させ、すでにチェックされている「ソース」に加え「ドロップシャドウ」にもチェックを入れます。図 VII－10で行う描画効果は点データを立体表示でき、地物の表現力が高まります。

図 VII－10　描画効果

2）SVG マーカー

前節では QGIS に組み込まれているシンプルマーカーを使った変更および複数のマーカーを重ねてつくったマーカーによる表現を説明しましたが、ここでは、ロゴマークや写真のようなマーカーを利用する

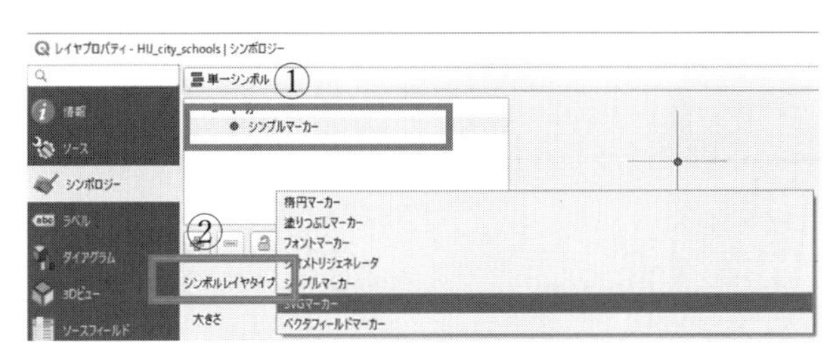

図 VII－11　マーカー種別の選択

方法を取りあげ、解説します。このようなマーカーの多くはSVG形式を利用します。

SVG（Scalable Vector Graphics）形式のファイルは、jpegやpng、tifのような私たちが日常的に接する画像と異なり、xmlをベースにした二次元のベクターデータ(53)です。そのため、SVGファイルは「拡大・縮小しても画質が損なわれない」という特徴をもっています。

対象となるレイヤのプロパティウィンドウを開いてシンボロジーを選びます。通常ここは単一シンボルが選択されています。確認後、図VII－11①のようにシンプルマーカーを選びます。図VII－11②を参考にシンボルレイヤタイプ右側の「▼」プールダウンメニューをクリックしSVGマーカーを選択します。図VII－12のようにSVGマーカーの設定ウィンドウが表示されます。ウィンドウの下部には左側にSVGグループ、右側にSVGイメージが表示されます(54)。

図VII－12①には色がついているものと、グレーで選択できないものが混在しています。ここでは、①を参考に建物マーカーをクリックして選びます。結果は上部に表示されます。サイズが小さいので図VII－12②を参考にサイズを4に変更し下部の「OK」をクリックして設定を終了します。結果は、図VII－13のとおりで、マーカーが小さい丸から黒い建物に変わっていることが確認できます。

このようにシンボロジーをSVGに変えることで表現力が向上します。SVGマーカーを利用するためにはQGISに組み込まれているものを使う以外にも、さまざまなSVGマーカーを取得または制作して利用することもできます。SVGマーカーは比較的簡単に制作できます。また、通常の画像ファイル（jpgやbmpなどの形式）を変換し制作することもできますが、本節では、制作や変換の方法についての説明は割愛し、利用方法のみ取り

(53)　詳しくは、II章3.（1）「データの形式」および図II－2を参考にしてください。
(54)　この際、ウィンドウのサイズが小さいと下部のSVGを表示するウィンドウが確認できません。設定ウィンドウのサイズを図VII－12のように大きくするか、内部のスクロールバーをスクロールし隠れているSVG関連部分を表示させてから、もう一度確認しましょう！　SVGイメージウィンドウを表示できず困惑するケースが多々みられます。

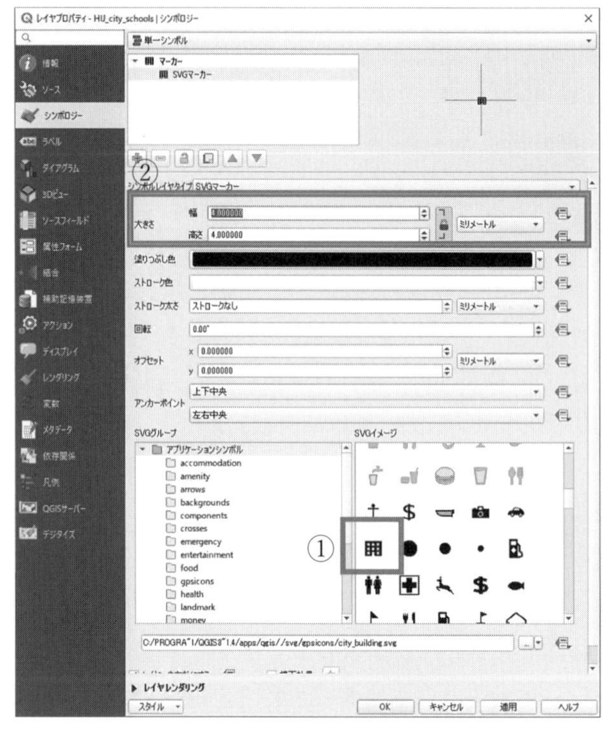

図 VII－12　SVG マーカーの設定

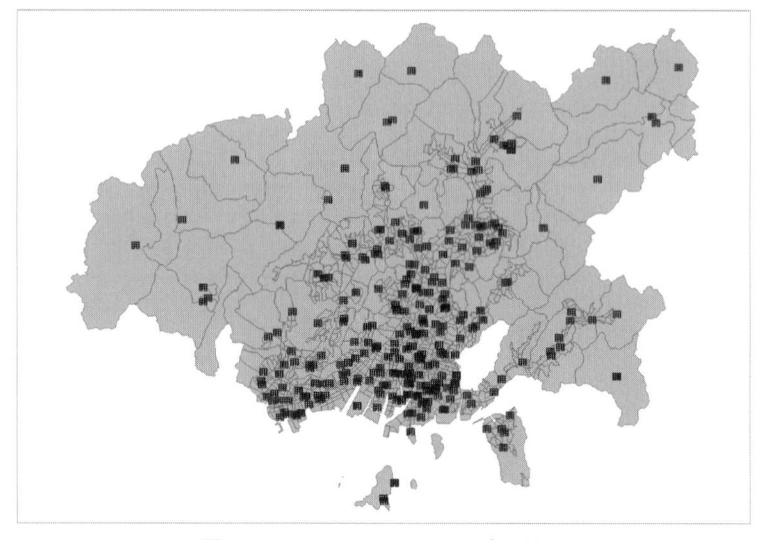

図 VII－13　SVG マーカーへの変更結果

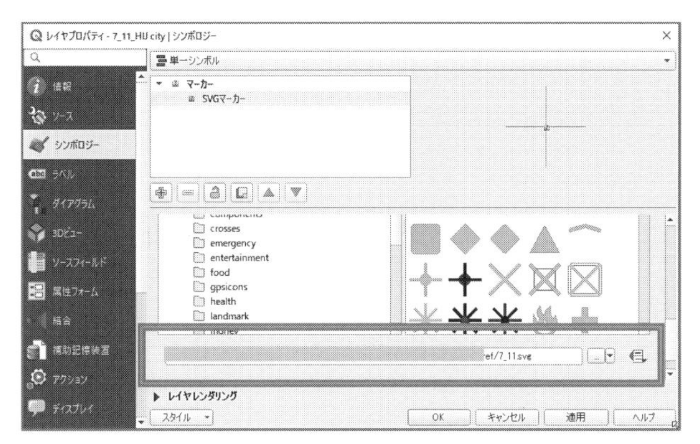

図 VII－14　用意したマーカーの設定

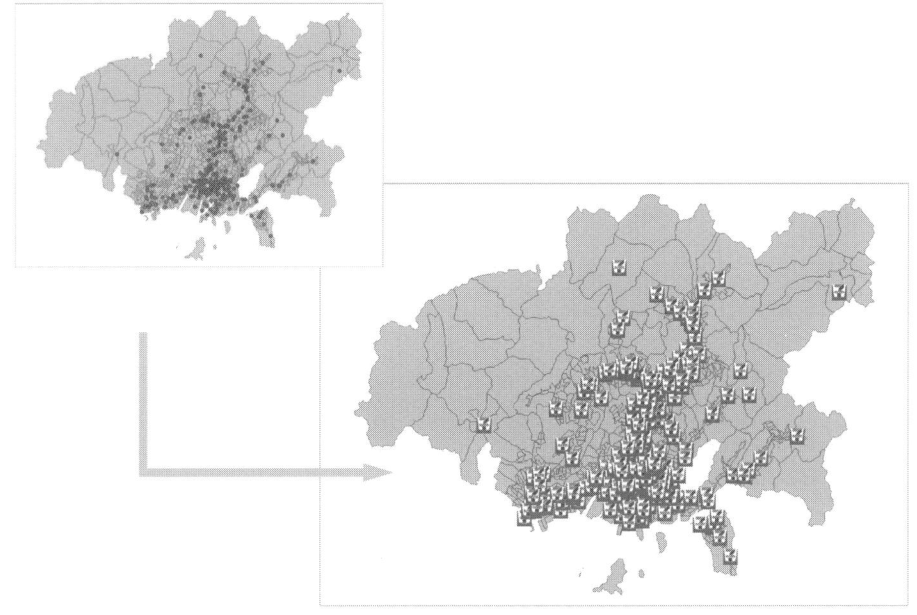

図 VII－15　用意した SVG マーカー適用前後

あげ解説します。

広島市内のコンビニエンスストア（すべてのセブン－イレブン）を地図に表示し、事前に準備したマーカーをセブン－イレブンのロゴマークに変更することを例に、変更手順を解説します。

SVG マーカーを表示するために単一マーカーを選択し、SVG マーカーを選択して SVG イメージがみえるように下部にスクロールします。つづけて図 VII－14の枠内のように用意した SVG ファイルを指定し、下部の「OK」をクリックし設定を終了します。図 VII－

15のようにシンプルマーカーがセブン－イレブンのロゴマークに変わっていることが確認できます。

（2）ライン変更（線データ）

鉄道や道路などの表示に欠かせないラインデータは、GIS上（線データのデフォルト表示）では細い一本線で表示されます。道路や線路などのように複数のラインデータが混じっている場合、デフォルト（細い一本線）のままでは識別が難しくなります。そこで、本節では道路を道路らしく、線路を線路らしく、ラインデータの見栄えを調整する方法を解説します。

ラインデータの表示を変えるもっとも簡単な方法は、レイヤのプロパティウィンドウから、「スタイルマネージャ」（図VII－8③参照）をクリックし、図VII－16からライン関連形式を表示し選択する方法です。図中の①線路や②道路のように、よく使われる形式はサンプルとして登録されているので、簡単に変更できます。

また、登録されてない形式や自分でオリジナルの形式を、自作して利用することもできます。鉄道の表示によく使う形式（図VII－18参照）を例につくり方を解説します。

シンボロジーはレイヤ同様、何種類でも重ねて使うことができますので、複数のシンボロジーを利用してつくります。線路（図VII－18参照）の場合、太い黒い実践の上に、黒い線より少し細い白い点線を重ねれば白黒が交差し、かつ外側は実線でつながっている線

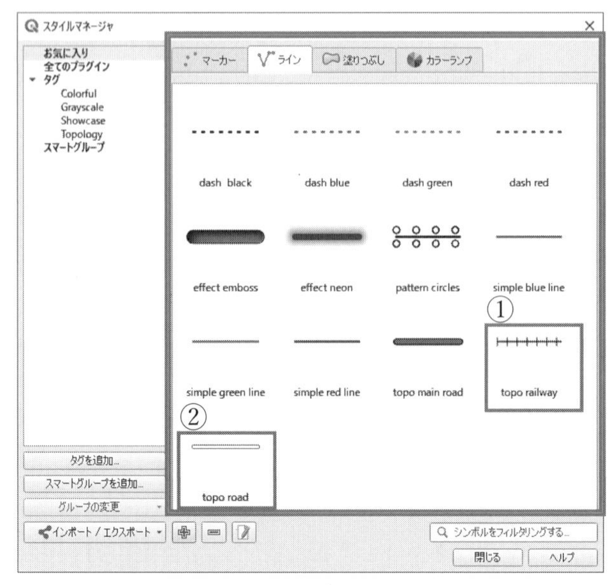

図VII－16　シンボロジーの設定（ライン）

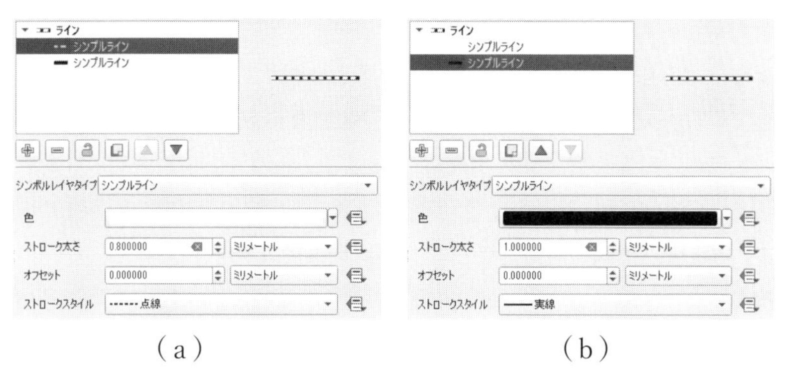

図 VII－17　ライン編集（線路）

図 VII－18　鉄道の表示

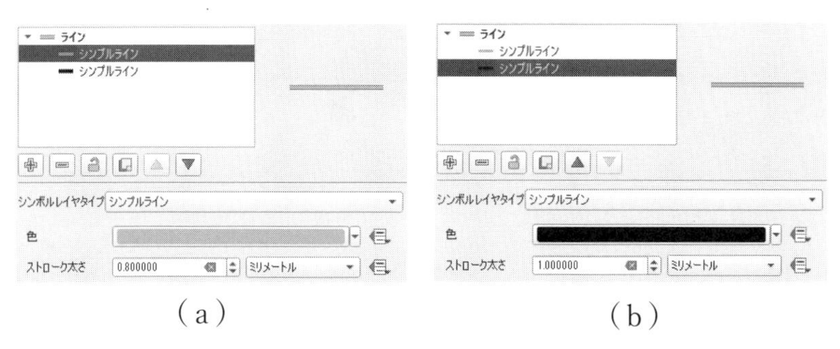

図 VII－19　ライン編集（道路）

路模様（図 VII－18）になります。

作業の手順は図 VII－17（a）・（b）に示したとおりです。（a）でみるように、上の白い点線は、色を白に・太さを0.8に・スタイルを点線に設定します。

つぎに（b）で見るように、下の実線は色を黒に・太さを1.0に・スタイルを実線に、設定します。2つの線はレイヤのように重なって表示されるので、線路のようにみえます。図 VII－18は広島市内の鉄道およびモノレールの表示例です。

なお、図 VII－19は道路の作成の例です。作業の手順は、図 VII－17（a）・（b）と同じで、図 VII－19（a）でみるように、上の白い実線は、色を白に・太さを0.8に・スタイルを実線に、設定します。つぎに（b）でみるように、下の実線は色を黒に・太さを1.0に・スタイルを実践に、設定します。2つの実線が重なるので外側の細く黒い実線が並ぶ道路模様が完成できます。

3．地図表現の実例

ここまで取りあげた、点・線・面のレイヤのシンボロジーの作成やレンダリング設定、条件付きラベルの表示などについての学習内容を活かして表現したものが図 VII－20に示した地図です。

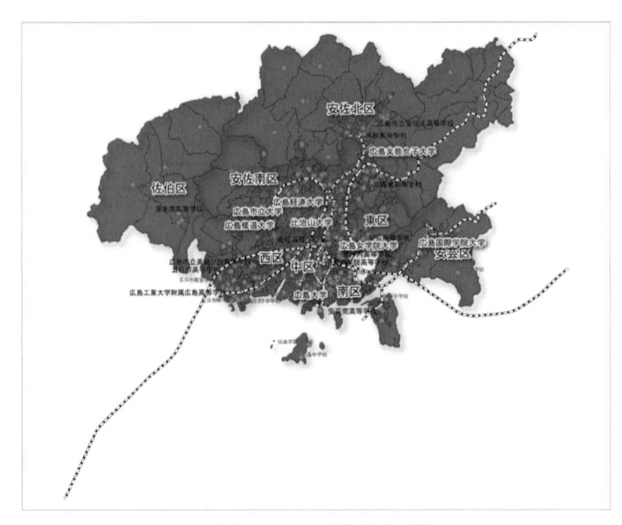

図 VII－20　実際の表示例

4．ダイアグラム

ここでは、VII. 1.（1）基本表示と同じく、地図の属性ファイルに含まれているデータの中から人口および世帯数のデータをグラフ（ヒストグラム）として表示する方法を取りあげ解説します。

まず、グラフを表示するレイヤを選択しプロパティウィンドウを表示します。図 VII－21を参考にプロパティウィンドウから「ダイアグラム」を選択し、ダイアグラム表示のための設定を行います。デフォルトでは、図 VII－21①のとおり「ダイアグラムなし」が選択されており、すべての設定項目が選択できない状態になっています。「ダイアグラムなし」右端の「▼」をクリックしリストを表示させ、図 VII－21②のようにリストから「ヒストグラム」を選択します。この選択で図 VII－22のとおり、設定項目が選択できるようになります。つぎに、属性（図 VII－22①の中）をクリックし、使用する属性（図 VII－22②）に表示されるフィールドリストから今回グラフ表示を行う“JINKO”と“SETAI”を選択し、「＋」をクリック（または、ダブルクリック）します。この操作で属性の割り当てウィンドウ（③）に追加され、色の設定とともに確定されます。これで属性の設定は終わりです。

つづいて図 VII－23を参考に、表示するグラフの大きさを設定します。大きさ（図 VII－23①のなか）をクリックしてから、グラフのサイズを調整するため、もっとも大きい

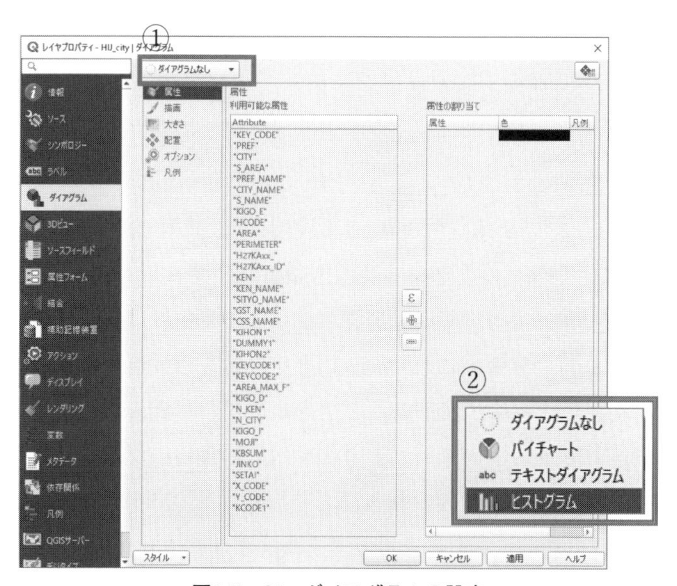

図 VII－21　ダイアグラムの設定

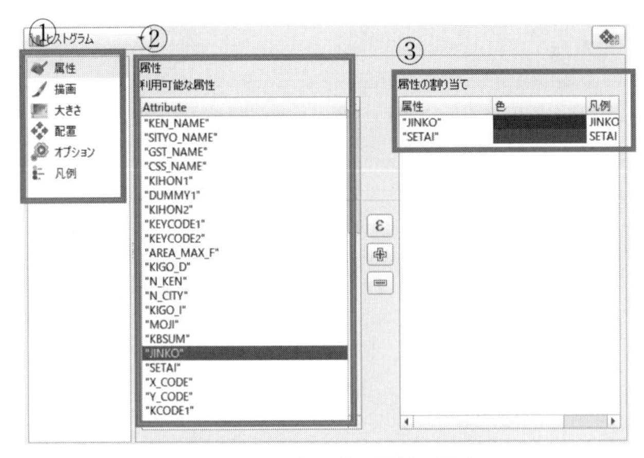

図 VII－22　表示する属性の設定

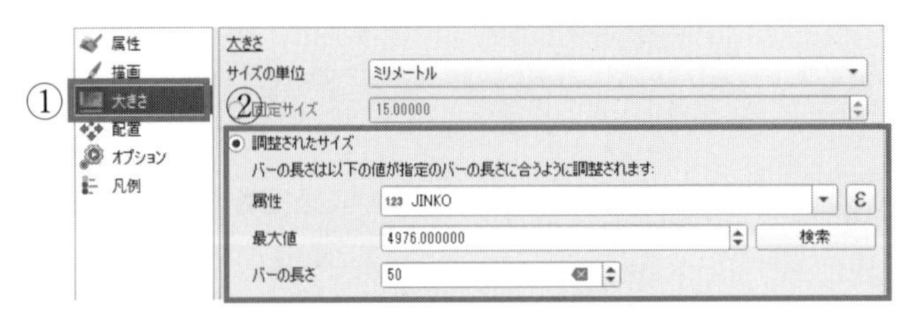

図 VII－23　表示する大きさの設定

ものをマップ上でどれくらいの大きさにするかを決めます。そのため、ここでは、JINKO が SETAI より値が大きい（はずな）ので、JINKO を選択し、もっとも大きい値を確認します。そのため、右側の「検索」をクリックし「最大値」に数値が入力されているのを確認します。つぎにその最大値をどれくらいの長さで表示するのかを「バーの長さ」で決めます。デフォルト値は50mm ですが、必要なら変更します。ここではデフォルト値のままにします。

最後に、表示調整を行います。図 VII－24のとおり、描画（図 VII－24①）をクリックし、描画設定（図 VII－24②）のなかの不透明度調整（デフォルト値は不透明度100%）やグラフ枠線の色（デフォルト値は黒）や線幅（デフォルト値は 0 mm なので、表示されません）について設定を行います。これで、人口と世帯数を表す 2 つの棒グラフが図 VII－25（a）のように地物上に表示されます。デフォルトでは、図 VII－24③「全てのダイアグラムを表示する」にチェックが入っており、すべての地物のグラフが表示され地物のサイズが小さいところではグラフに覆われみづらくなります。これに対して、図 VII－24③「全てのダイアグラムを表示する」のチェックを外すと、図 VII－25（b）のように地物サイズが小さいところではグラフの表示が一部省略され、スッキリした表示に変わります。

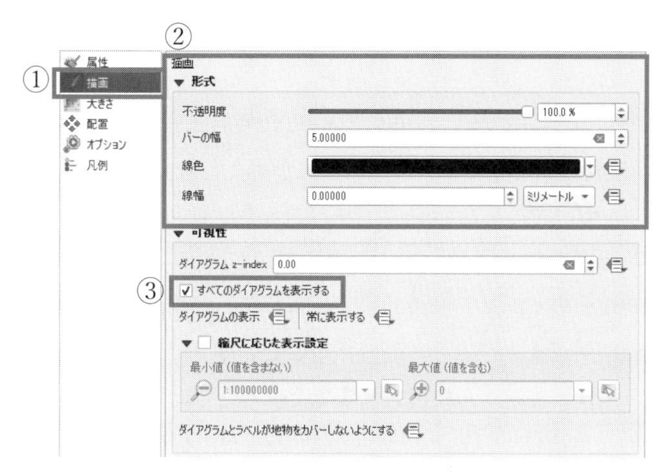

図 VII－24　描画条件の設定

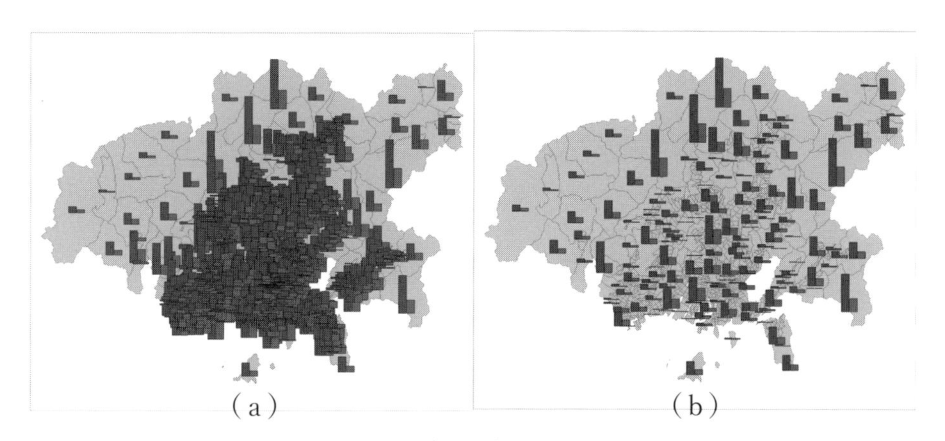

図 VII－25　ダイアグラムの表示結果

この際、省略されたグラフは完全に削除されたのではありません。地図を拡大表示すると、省略されていたグラフが表示されるようになります。つまり、地物のサイズが一定以上になると表示されるようになります。グラフの表示は一部を省略表示する図 VII－25 (b) をお勧めします。

5．プラグイン

（1）プラグインとは

QGIS は無料で制限なく利用できるフリーソフトで、開発のためのソースコードもオープンされていますので、自分で必要な機能を開発して追加することもできます。また、有志により提供されている高度な分析機能をもつソフトもたくさんあります。

QGISには本体に含まれていない必要な機能をあとからインストールすることができ、この機能をプラグインといいます。プラグインは、QGISを用いて高度な分析を行ったり、QGISをより便利に利用したりするために欠かせない機能です。

（2）プラグインのインストール

1）メニューバーからのインストール

まず、本節ではプラグインのインストール方法を、QGIS上で簡単にクロス集計ができるGroup Statsを例に、導入から使用方法までを取りあげ、解説します。

もっとも一般的な方法はメニューバーのなかの［プラグイン（P）］からプラグインをインストールする方法です。この方法では、パソコンがインターネットに接続された状態でQGISを起動するだけで、プラグインをインストールできます。インストール手順はつぎのとおりです。図VII－26を参考にメニューバーから［プラグイン（P）］→［プラグインの管理とインストール］の順にクリックし、現在のプラグインの状態を確認します。

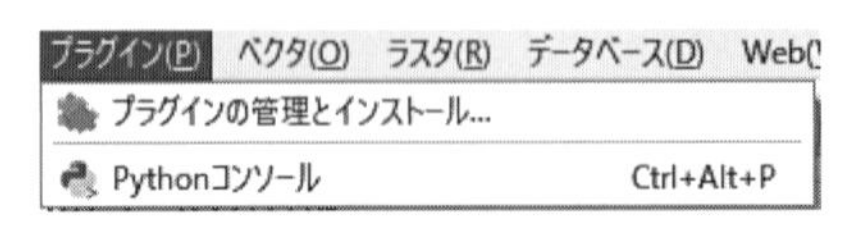

図VII－26　プラグインの選択

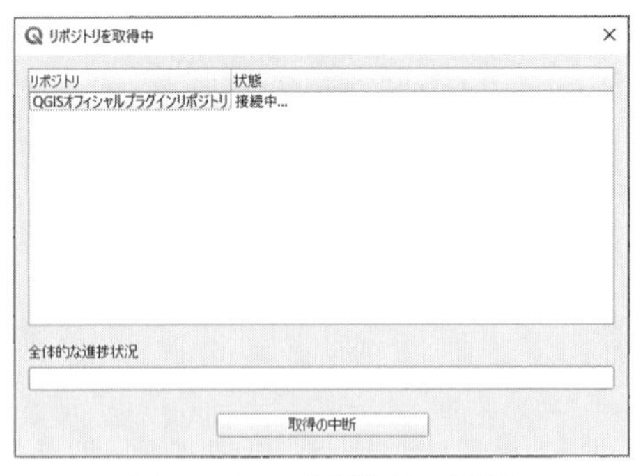

図VII－27　プラグインの確認

この操作によりQGISは、公式プラグインリポジトリのサイトを確認し、QGIS上で利用できるプラグインのリストを取得し表示します。プラグインリポジトリの最新状態を取得するため、多少時間がかかる場合があります。リポジトリの情報の取得中には図VII－27のようなウィンドウが表示されます。図中の状態から読み込みの進行状況が確認できます。しばらくすると、図VII－28のとおり、プラグインのリストが表示され、左上部から295種類(55)のプラグインがあることが確認できます。

---

(55)　このリストは、QGISが自動的にプラグインリポジトリを確認して更新しますので、毎回利用可能なプラグインの種類は変わります。

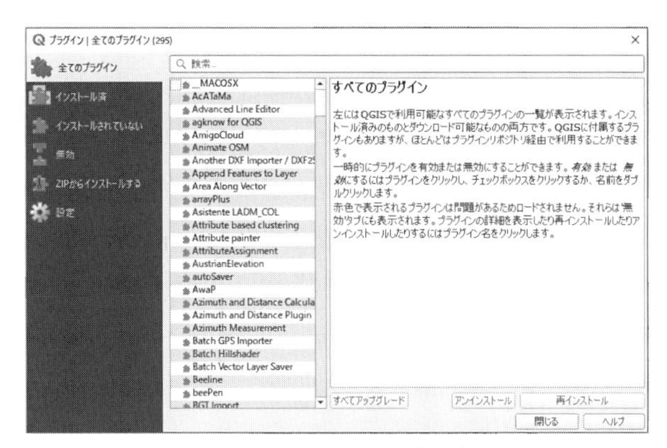

図 VII－28　利用可能なプラグイン

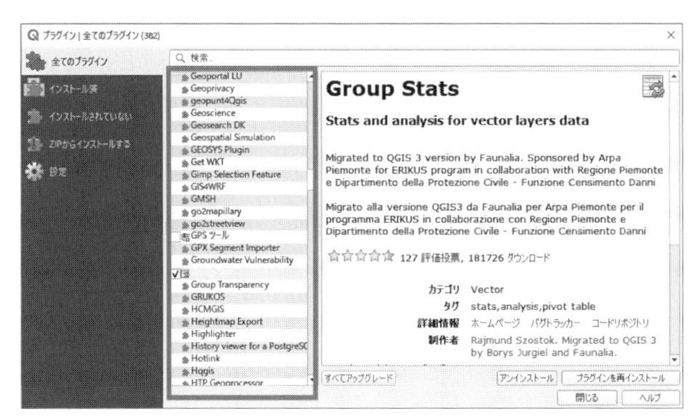

図 VII－29　プラグインの選択

リストには、プラグインが名称のアルファベット順に並んでいます。また、プラグインをクリックすると選択されたプラグイン名や簡単な説明文、ダウンロード数、評価などが右側に表示されます。

プラグインをインストールするためには、インストールしたいプラグインを選択し、画面右下部に表示されている「プラグインをインストール」をクリックするだけです。

本節では、QGIS 上でクロス集計(56)ができる Group Stats をインストールすることを例に解説します。図 VII－28のリストから Group Stats を見つけ、選択します。選択されると図 VII－29のように、ウィンドウの右側に Group Stats という名称とその説明などが確認できます。ウィンドウの右下に表示される「プラグインをインストール」をクリックし無事インストールが終了すると、図 VII－29枠内で確認できるように名称（ここでは

(56)　エクセルにも同等の機能があり、ピボットテーブルとよばれます。

Group Stats）前のチェックボックスにチェックが入っていることがわかります[57]。

これでプラグインのインストールは終わりです。インストールが終わると、ツールバーに新しいアイコンが表示されたり、またはメニューバーのなかに新しいメニューが追加されたりしますが、どこに追加されるのかは確認が必要です。今回の例は、メニューバーの「ベクター」のなかに「Group Stats」として追加されていることが図VII－35から確認できます。

2）サポートサイトからダウンロード

プラグインをインストールするもうひとつの方法は、QGISのサポートサイト（図VII－30参照）にある「Plugins website」（図VII－30枠内）にアクセスし、図VII－31のようなQGISプラグインポータルサイトを開きます。左側の枠内には各種プラグインがあることがわかります。この中から必要なプラグインを選択し、zip形式（圧縮ファイル）でダウンロードすることができます。

インストールの手順は、まずメニューバーから図VII－26の手順とおりで、図VII－29のようなウィンドウを表示します。つづいて、図VII－32を参考に「ZIPからインストールする」をクリックし、ダウンロードしたzip形式を指定します。指定は「…」をクリックし、ダウンロードされたフォルダから指定します。図VII－32のようにフォルダ名とファイル名が表示されたら、下の「インストール」をクリックします。操作はこれで終了

図VII－30　QGISサポートサイト

(57)　文字が白抜きになっているため、パソコンの環境によっては文字が確認しづらくなります。図VII－29の場合も白抜きの文字となっているため、確認しづらくなっていますが、リスト中のチェックボックスの前にチェックが入っている箇所がGroup Statsです。

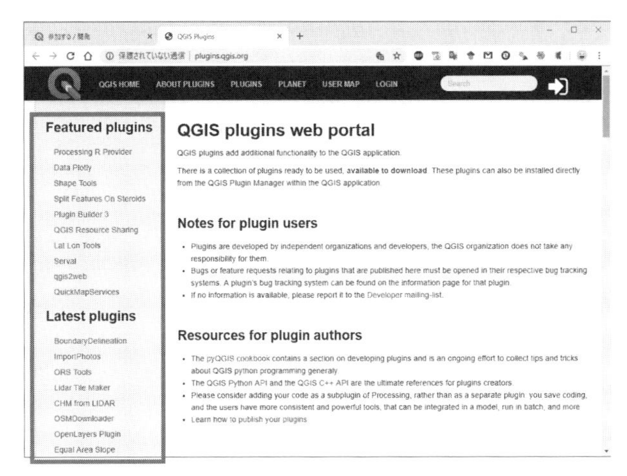

図 VII－31　QGIS プラグインポータルサイト

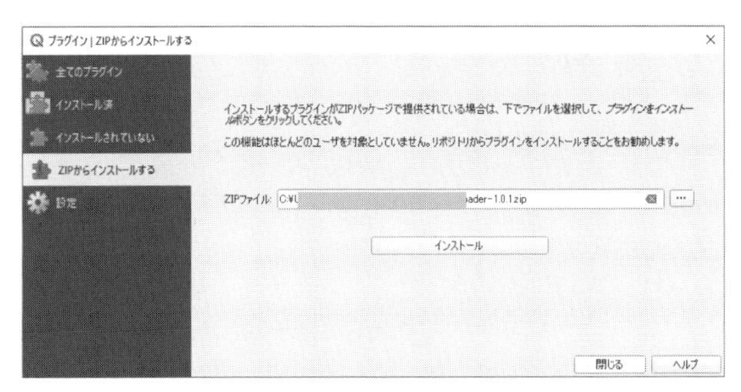

図 VII－32　ポータルサイトからのインストール

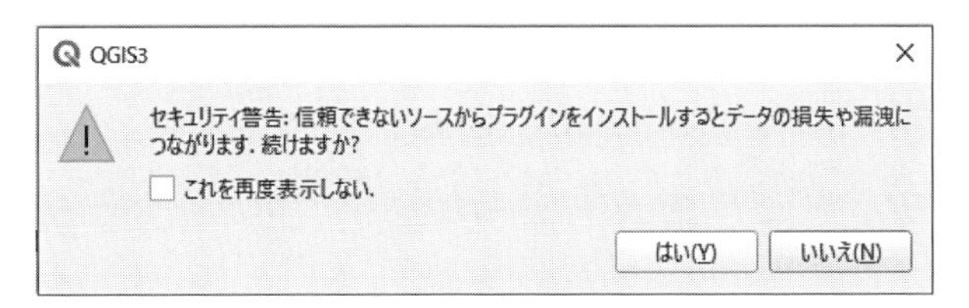

図 VII－33　警告表示

ですが、図 VII－33のような警告文が表示される場合があります。ここでは、「はい」をクリックしインストールを進めても問題ありません。

（3）Group Stats

広島市図の属性テーブルは図 VII－34のとおりで、町丁・字別の人口や世帯数に関するデータが含まれています。しかし、このままでは区ごとの人口や世帯数を確認できませ

HU_city :: 地物数 合計: 1129, フィルタ: 1129, 選択: 0

	N_KEN	N_CITY	KIGO_I	MOJI	KBSUM	JINKO	SETAI	X_CODE	Y_CODE
1				都町	31	1031	570	132.43723	34.39671
2				南観音町	31	2035	1172	132.43264	34.38762
3				西観音町	25	1421	862	132.43685	34.39213
4				東観音町	32	2191	1208	132.44025	34.39068
5				観音新町４丁目	15	45	25	132.41876	34.36623
6				観音新町３丁目	18	1300	690	132.42581	34.37341
7				観音新町２丁目	18	453	279	132.42276	34.37748
8				観音新町１丁目	40	3035	1318	132.42797	34.37601
9				観音本町２丁目	14	989	509	132.43401	34.38979
10				己斐西町	54	2000	974	132.42238	34.39674
11				己斐中３丁目	61	2128	924	132.42301	34.40400
12				己斐中２丁目	23	813	368	132.42603	34.40222
13				己斐中１丁目	15	1036	619	132.42642	34.39872
14				己斐本町３丁目	26	1901	906	132.42398	34.39397
15				己斐本町２丁目	26	1694	1033	132.42635	34.39257
16				己斐本町１丁目	29	1041	640	132.42907	34.39741

全ての地物を表示する

図 VII－34　属性テーブルの確認

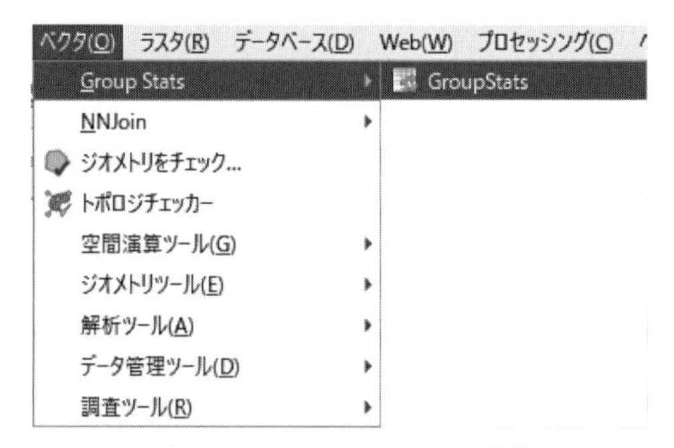

図 VII－35　Group Stats の手順

ん。確認のためには、図 VII－34上部で確認できる1,129地物のデータを、区ごとに集計する必要があります。具体的には区を表すフィールドを使って区ごとにグループ化を行い、集計する手順です。Group Stats プラグインを使えば、このように面倒で時間がかかるクロス集計の作業を、簡単な指定で処理できるようになります。

クロス集計を行うためには、図 VII－35を参考にメニューバーから［ベクタ（O)］→［Group Stats］→［GroupStats］の順にクリックして図 VII－36のとおり、Group Stats の設定ウィンドウを表示します。

図 VII－36は、左側は演算結果を表示するウィンドウで、右側はクロス集計のための設定を行う Control panel になっています。

クロス集計を行いたいレイヤを「Layers」(図 VII－36①）で選択すると、選択したレイヤのすべてのフィールド名が「Fields」(図 VII－36②）に表示されます。この際、フィールド名の左端にはアイコンが表示されます。アイコンの種類は図 VII－37に示したとおり３種類あり、文字・数字・演算子に区分されています。クロス集計を行うためには、演算の対象になるフィールドが数字のアイコンで表示されているのか確認する必要がありま

図 VII－36　Group Stats の変数設定

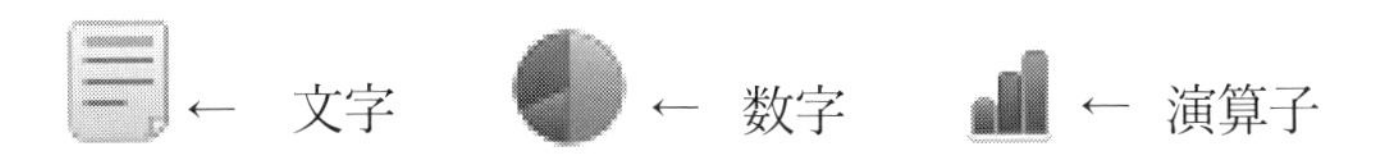

図 VII－37　アイコンの種別

す。もし、アイコンが文字を表すものになっている場合は、当たり前ですが、演算できませんので集計作業を行うことはできません(58)。

最後に、「Filter」(図 VII－36③) の各ウィンドウに必要なフィールドを指定します。この例では、「Rows」には区の名称に当たるフィールド (CITY_NAME) を、「Value」には集計するフィールド (JINKO)」を入れます。最後に、演算子 (ここでは区ごとの人口の合計を求めるので、sum) を、「Colums」または「Value」に指定します。これで、右下の「Calculate」ボタンが押せる状態になりますので、クリックし演算を実行します。演算の結果は、左側のウィンドウに表示されます。1列目には区の名称 (CITY_NAME) が、2列目には人口の合計が、行ごとに区分され表示されます。

Group Stats を用いたクロス集計の結果は、データとして利用できます。そのため、

(58) Group Stats プラグインは QGIS バージョンによっては、数字が文字として認識されるため、演算ができない不具合が生じるケースがあります。その際には、① QGIS バージョンを変更して対応するか、②エクセルのピボットテーブルを利用するか、で対応できます。

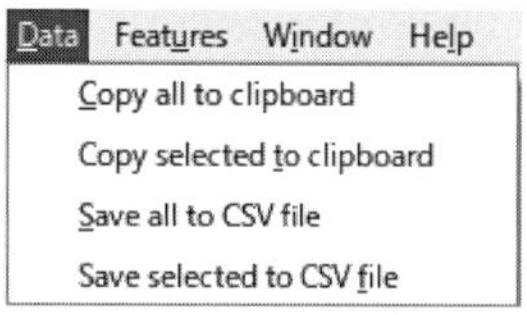

Data Features Window Help
Copy all to clipboard
Copy selected to clipboard
Save all to CSV file
Save selected to CSV file

図 VII－38　演算結果の取得

データをcsvファイルとして保存するか、クリップボードにコピーして利用する方法が選択できます。

作業は、図VII－36のメニューバーの［Data］をクリックし、メニューバー（図VII－38参照）から、データをクリップボードにコピーして利用するか、データをcsvファイルとして保存するかを選択する手順です。

しかし、後者の「csvファイルとして保存」を選択すると、文字コードの選択ができないため文字化けが起こります。そのため、データを保存する代わりに、クリップボードにコピーしエクセルなどに貼り付けてから保存することをお勧めします。この方法により文字化けを防ぐことができます。

このようにGroup Statsを利用することで、クロス集計を簡単に利用することができます。ほかにも有用なプラグインをインストールすることで複雑な作業を簡単に行うことができるようになります。

VIII プリントレイアウト

QGISは、私たちが普段使っているワードやエクセルのようなWYSIWYG(59)対応のソフトではありません。そのため、簡単な地図はもちろん、複雑な分析の結果を印刷する際にも、印刷のためのレイアウトを決める段階が必要です。つまり、何をどのようにみせるのか、利用したレイヤやテーブルなどをもとにレイアウトをつくるプロセスが必要です。

本節では、QGISで印刷のためのレイアウトを作成することに焦点を当て解説します。結果をアウトプットするための最終段階ともいえ、結果の出来栄えが決まる重要な過程でもあります。

1．レイアウトウィンドウの準備

プリントレイアウトを使うためには、図VIII－1を参考にメニューバーから［プロジェクト（J)］→［新規プリントレイアウト（P)...］の順にクリックし、新規のプリントレイアウトの作成を開始します(60)。開始すると、タイトルを入力するウィンドウが表示され、タイトルの入力が求められます。タイトルを入力しないと、'レイアウト1'、'レイアウト2'…のように通し番号付きの名称になります。この名称はあとから修正できますので、ここでは何も入力せず「OK」をクリックしつぎへ進みます。

図VIII－2のようなレイアウトの作成画面が表示されます。この画面上でプリント用のレイアウトのすべてを設定することになります。設定は主にツールボックス（図VIII－2①）のツールバーで行います。よく使うものに図の下部でみるように簡単な説明を附記してあります。ツールボックスのアイコンをクリックし選択したあと、レイアウトウィンド

(59) What You See Is What You Get. の頭文字で、画面に表示されたものとまったく同じものが印刷できることを意味し、直感的で使いやすく、ワードやエクセルなどが代表的な対応ソフトです。

(60) 新規作成でない場合、既存のレイアウトリストから選択して表示するなら「レイアウト」を、レイアウトの表示や名称変更、コピーや削除など管理を行うなら「レイアウトマネジャ...」を、選択します。

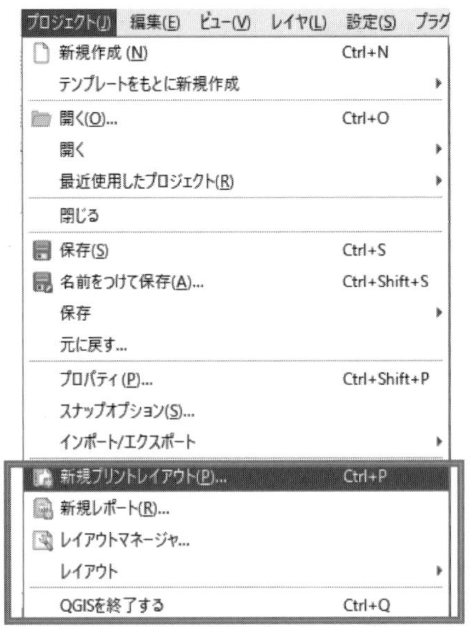

図 VIII－1　プリントレイアウトの起動手順

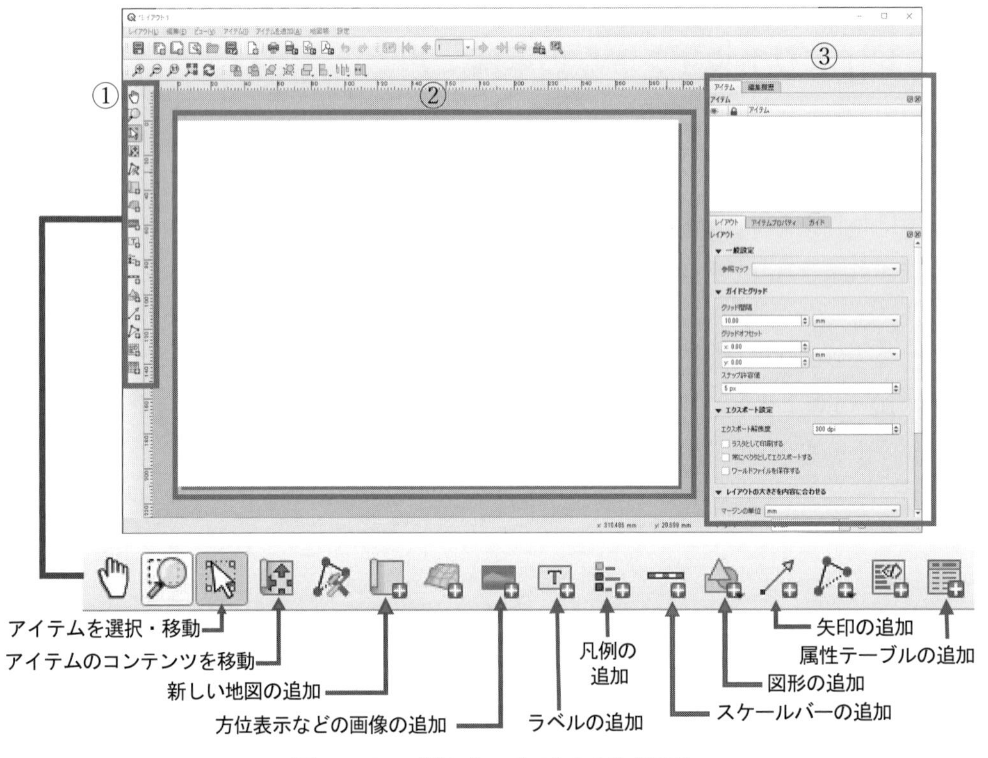

図 VIII－2　プリントレイアウトの作成画面

ウ（図 VIII－2②）上で表示する場所と範囲を指定すると、該当アイテムが表示されます。表示されたアイテムの詳細な調整はプロパティウィンドウ（図 VIII－2③）で行います。作成画面で該当アイテムを選択するとプロパティウィンドウに設定状態が表示されますので、確認しながら設定します。この際、プロパティ設定が多いアイテムは、上下にスクロールしながら確実に設定する必要があります。

2．必須アイテムの追加

ここでは地図を表現する際、地図のほかに表示しなければいけないアイテムの追加も取りあげ、追加と設定の手順を解説します。

（1）地図の追加

レイアウトの作成は、印刷するものをレイアウトウィンドウ上で配置したい場所に入れるだけです。なお、QGIS では印刷するものをアイテムとよびます。図 VIII－2①のツールバープロパティから必要なアイテムを選択（マウスでクリック）しレイアウトウィンドウ（図 VIII－2②）上で表示したい範囲を指定すると表示されます。例えば、「新しい地図の追加」をクリックしてから操作をすると、図 VIII－11でみるように地図が表示されます。同時に、アイテムの設定ウィンドウが図 VIII－2③のプロパティウィンドウに追加され、図 VIII－3のようなアイテムレイヤウィンドウに地図1（反転部分）と表示されます。下部にはアイテムプロパティが表示され、アイテム（この例では地図1）についての設定ができるようになります。

図 VIII－3　地図の追加

（2）方位記号（イメージ）の追加

方位記号はQGISではイメージ（画像）の一種として取りあつかわれます。そのため、記号は自分で用意したものを使う(61)か、QGISにはじめから取り込まれているファイルを使うことができます。

内蔵の画像ファイルを利用するためには、まず図VIII－2①のツールバーから「画像の追加」アイコンをクリックし、レイアウトウィンドウ（図VIII－2②）上で表示したい範囲を指定します。つぎに、そこに内蔵の画像を挿入するため、図VIII－4②の検索ディレ

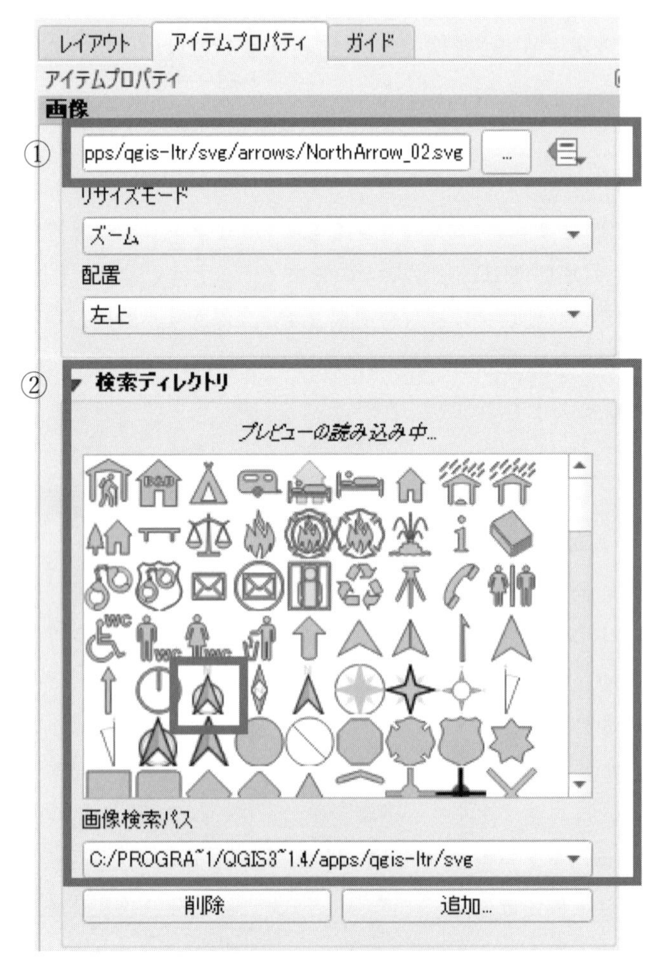

図VIII－4　方位記号の追加

(61)　図VIII－4①の「…」をクリックし、ファイルを選択して挿入します。一般的に使われる画像ファイル（jpg、bmp、tif形式のファイル）のほかsvg形式（VII章2.（1）.2）「SVGマーカー」で詳しく説明しました）のファイルが選択できますが、大きさの調整による図形の不鮮明化を防ぐためsvg形式のファイルをお勧めします。

クトリの文字部分をクリックします。読み込むまでの時間が少しかかりますが、図 VIII－4②のような画像が表示されます。お好みの画像を選択し表示します(62)。つぎに、方位記号をお好みの大きさに調整して追加作業は終わりです。

なお、画像の色や線の太さの変更などは、プロパティウィンドウをスクロールダウンし、必要な項目を設定して行います。

（3）スケールバーの追加

スケールバーの追加は、図 VIII－2①のツールバーから「スケールバーの追加」アイコンをクリックし、レイアウトウィンドウ（図 VIII－2②）上で範囲を指定するだけでスケールバーが表示されます。

追加されると、図 VIII－5のような表示設定を行うプロパティウィンドウが表示されます。

設定はまず、「メインプロパティ」の中のスタイルを選択します。枠内をクリックし表示されるリストのなかからスケールバーの種類を選びます。

ここではデフォルトのシングルボックスを選びます。表示されたスケールバーは、図 VIII－5の「単位」にみるように、単位はキロメートルで、km と表示されることが確認できます。つぎに、図 VIII－5の「線分列」から左右表示を決めます。ここでは左 0、右 3 の表示にし

図 VIII－5　スケールバーの追加

(62)　グレーの画像は使用できませんが、はっきりとした色の画像なら利用できます。本節では図 VIII－4②の中の枠内の方位記号を選択し表示します。

ています。スケールの幅は5 kmに固定表示しバーの高さは2 mmにします(63)。

(4) 凡例の追加

一般的に地図には記号などが使われているため、凡例で使われている記号について説明を入れる必要があります。図VIII－2①のツールバーから「凡例の追加」アイコンをクリックし、レイアウトウィンドウ(図VIII－2②)上で範囲を指定します。

現在のレイヤウィンドウに入っているレイヤ名すべてが自動的に表示されます。また、図VIII－6でみるようにプリントレイアウトウィンドウの「凡例アイテム」にもレイヤリストが表示されます。

不要なものが含まれている場合(ほとんどの場合がそうである)は、「凡例アイテム」の「自動更新」のチェックを外し不要なものを選んで、「－」アイコンをクリックして削除し図VIII－6の枠内のように必要なものだけを残します。文字サイズの調整や凡例の枠線などが必要なら、プロパティウィンドウをスクロールダウンして設定します。ここでも、前節同様、文字サイズは小さく設定することをお勧めします。

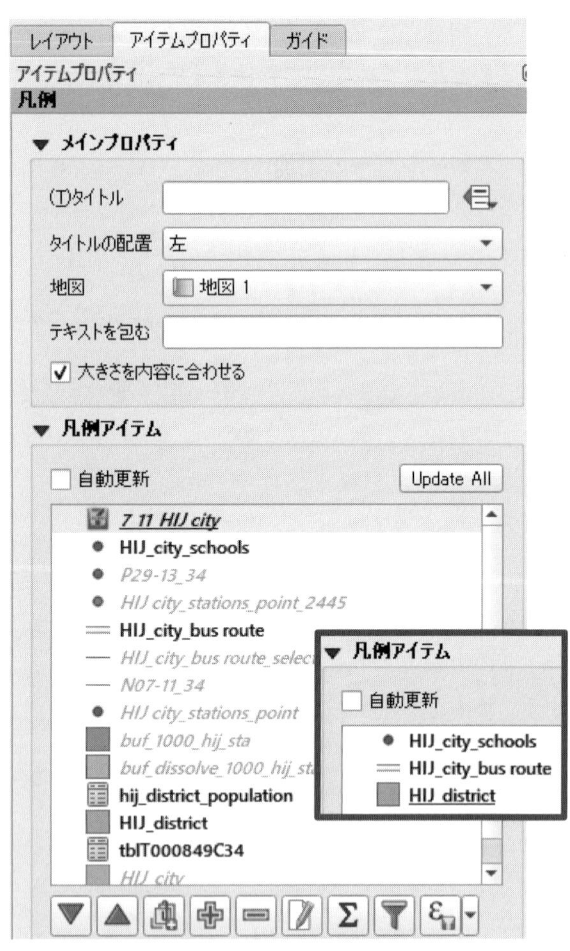

図VIII－6　凡例の追加

(63) 設定の際、目視によるアイテムの大きさではなく、レイアウトのなかでの割合を考えてアイテムの大きさを決めるようにします。さらにわかりやすくいいますと、大きさはイメージより小さく、線は細く、文字は小さく設定することが出来上がりをよくするコツです。

3．応用アイテムの追加

前節まで地図表現に欠かせないものをレイアウトに追加することを取りあげましたが、本節では、分かりやすい地図づくりのためのアイテムを追加し設定することを取りあげ、解説します。

（1）ラベルの追加

地図のタイトルなどを含むラベルを追加することができます。

まず、図 VIII－2①のツールバーから「ラベルの追加」アイコンをクリックのうえ、レイアウトウィンドウ（図 VIII－2②）上で表示したい範囲を指定すると、ラベルウィンドウが指定場所に挿入されます。

つぎに挿入されたラベルに表示したい文字を、図 VIII－7のように「メインプロパティ」ウィンドウ内に追加します。

最後に、表示された文字のフォントの種類や大きさ、色、配置に関する詳細などを「外観」プロパティで設定します。その他の詳細な設定はプロパティをスクロールダウンし、必要な項目を設定します。

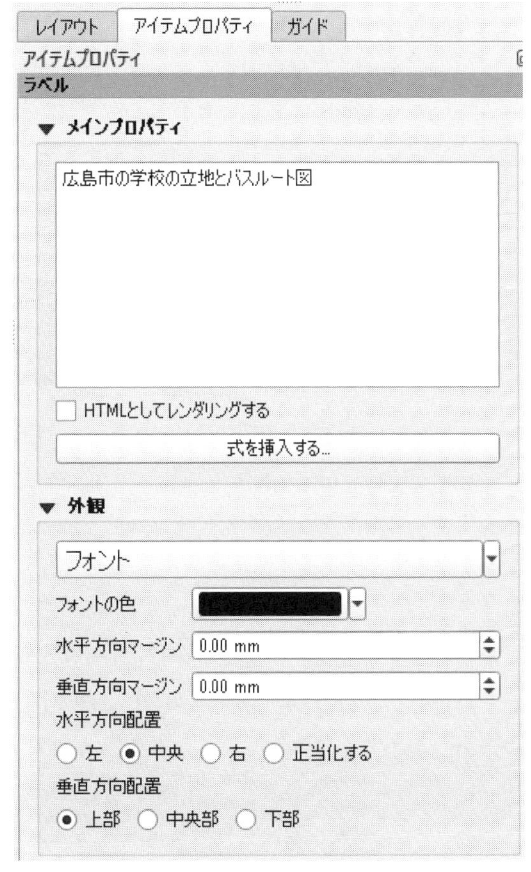

図 VIII－7　ラベルの追加

（2）属性テーブルの追加

地図に加え、表などを追加することでわかりやすくなる場合が多くあります。QGIS ではレイヤの属性テーブルなどを表示することができます。本節の例では、広島市各区の総人口のテーブルを追加することを例に解説します。まず、図 VIII－2①のツールバーから「属性テーブルの追加」アイコンをクリックのうえ、レイアウトウィンドウ（図 VIII－2②）上で表示したい範囲を指定すると、属性テーブルが指定場所に挿入されます。

つぎに、図 VIII－2③のプロパティウィンドウに表示された属性テーブルのプロパティ（図 VIII－8）から「メインプロパティ」のなかの「レイヤ」をクリックし、表示するレイヤを選択すると、属性テーブルが表示されます。

つづいて「属性」をクリックし図 VIII－9を表示し、属性テーブルの詳細な表示設定を行います。

「列」から表示する属性（フィールド）を選択します。「見出し」の city_name をクリックし区の名称に、population は人口に、わかりやすい名称に変更します。「整列」の設定セルをクリックし、区の名称は左寄せに・人口は右寄せに表示位置を設定します。

デフォルトで「幅」は自動設定になっていますが、もっとも幅が広いものにあわせた表示になるため、本節では、自動設定をクリックし幅を順に15mm、12mm に設定します。これで表のセル幅に少し余裕ができます（図 VIII－11参照）。

図 VIII－8　テーブルの追加

最後に表示順を人口が多い順から並べるため、「ソーティング」から、population・降順と設定し右端の「＋」をクリックして図 VIII－9のように設定します。これでテーブル表示のための設定は終わり、凡例の中の人口テーブルは、区の名称は左寄せに、数字は右寄せに表示されていることが図 VIII－11から確認できます。そのほかにテーブル全体の設定は、プロパティウィンドウをスクロールダウンし必要な項目の設定を行います。ここでも、見栄えを考慮し「グリッド線の表示」の線幅は0.1mm と細くし設定します。

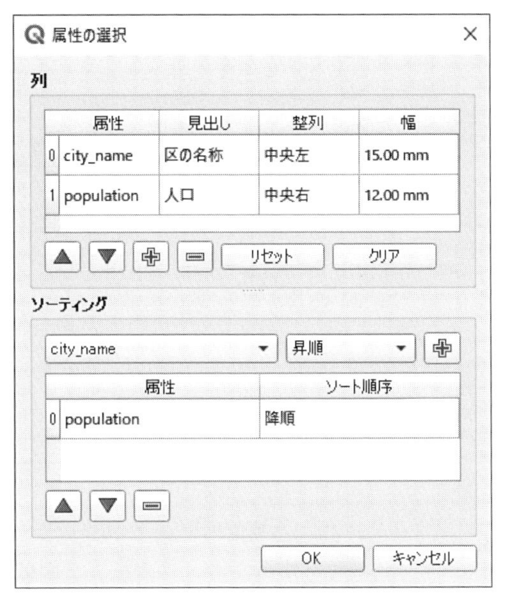

図 VIII－9　テーブル属性の詳細設定

4．アイテムの表示と編集

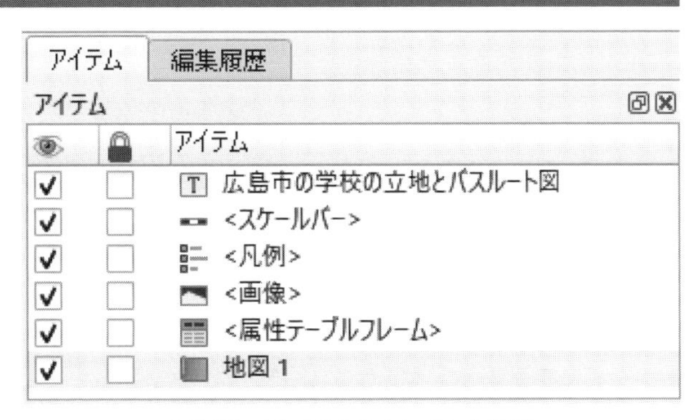

図 VIII－10　アイテムレイヤの管理

前節まで地図表現に必要な項目を追加し、設定する方法を取りあげ、解説しました。ここまで追加したアイテムは図 VIII－10のとおりレイヤとして表示されていますので、並び替えや表示可否、編集可否を設定することができます。並び替えはレイヤを選択し移動するだけです。

表示可否は、「アイテム」内の「 」のチェックボックスにチェックを入れて表示、外して非表示に設定されます。最後に、うっかりした編集の防止などのために「 」のチェックボックスにチェックを入れて編集不可、外して編集可に設定できます。

なお、ここまでのプリントレイアウトのアイテムの設定は図 VIII－11で確認できるとおりです。これで、WYSIWYG(64)対応ソフトのように目視どおりのイメージで印刷または、画像データとしてエクスポートすることができます。

5．レイアウトのエクスポート

前節までの操作で作成できたレイアウト（図VIII－11）はプリントアウトするか、ファイルとしてエクスポートすることができます。前者は日常的に利用している他のソフトと同じ方法で印刷するだけなので、本書での説明は割愛します。ここでは後者のエクスポートについて解説します。

レイアウトのエクスポートは、図VIII－12を参考にメニューバーから［レイアウト］→ ①［画像としてエクスポート...］、②［SVGとしてエクスポート...］、③［PDFとしてエクスポート...］のいずれかをクリックしつぎに進み、フォルダを選択してファイル名を記入し、それぞれのファイルとしてエクスポートします。

画像データとしてのエクスポートは、jpg・bmp・tifのような一般的な画像ファイルとしてエクスポートできます。これに対してsvg形式としてのエクスポートは、データをベクター画像データとしてエクスポートするため、拡大による画像の不鮮明化は生じません。そのため、対応するソフトでの編集などの予定がある場合にお勧めのエクスポート方

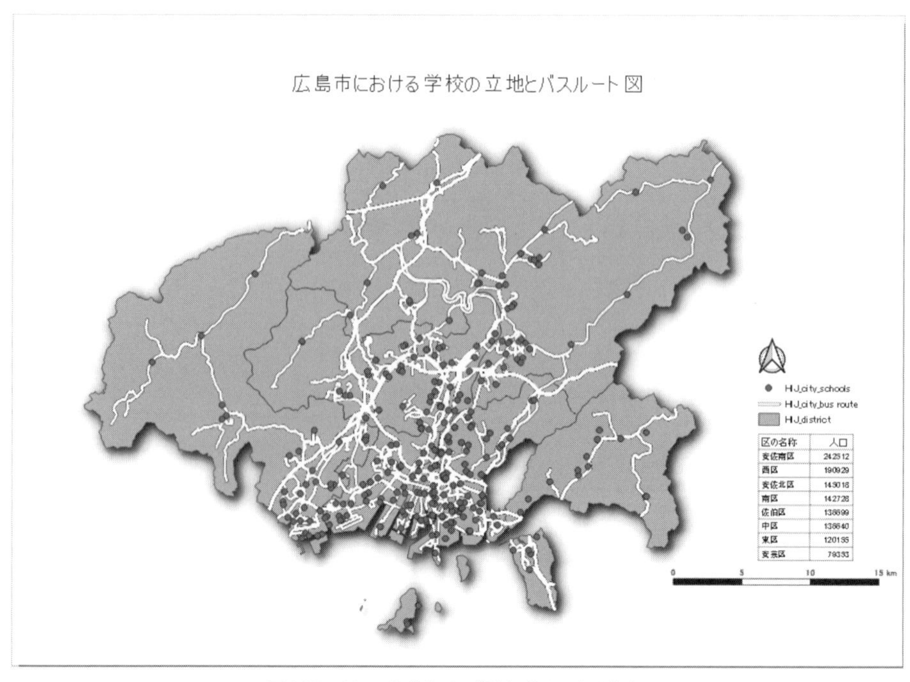

図VIII－11　完成したプリントレイアウト

（64）　注(59)で詳しく説明しました。

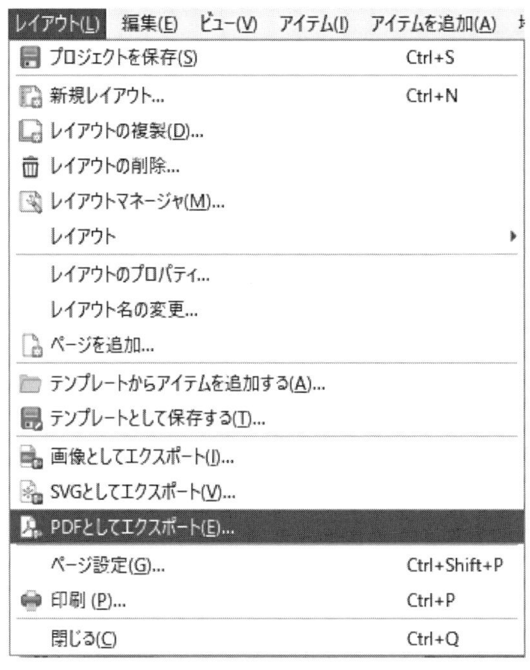

図 VIII－12　レイアウトのエクスポート

法です。

最後に、PDF としてエクスポートする方法です。パソコンの機種やソフトの種類に依存せず、拡大による不鮮明化もありませんので、お勧めのエクスポート方法です。

あとがき

近年GISソフトの普及が進んでいるとはいえ、まだまだ初学者でも地図による表現や結果をアウトプットできるスキルを丁寧に解説した書物は多くありません。

本書ではこの点に焦点をあて、GIS初学者でも確実に使えるようになる解説書を目指し、すべてにおいて解説の順をたどって作業を行えば結果が得られるように詳細な説明を試みました。

具体的には、政府系サイトから提供される各種データを利用するためのGISスキル（初学者でもデータのダウンロードから実用に堪える必要最小限の地図の編集・表現の手法など）を取りあげ、丁寧に解説しました。

また、GISソフトはWYSIWYG対応ソフトでないゆえに、多くの初学者が作業結果のアウトプットに苦戦します。この点に着目し、QGISによる分析や表現の結果をアウトプット（印刷や他形式へのエクスポート）するためのスキル（結果をきれいに表現する表現法など）を取りあげ解説しました。

本書が読者のGISスキル向上に少しでも役に立つことを期待しながら、最後に本書の出版にあたりご尽力いただいたナカニシヤ出版の酒井敏行さんをはじめ、すべての方々に心よりお礼申し上げます。

本書の刊行にあたり、広島修道大学の2020年度教科書出版助成を受けました。

2020年4月

瀬戸内海を臨む自宅の書斎から

金徳謙

索　引

アルファベット

著者略歴

金 徳謙（キム トクケン）
1961年、韓国ソウル生まれ
1986年、韓国京畿大学校経商大学観光開発学科卒業、来日し、
旅行会社に勤務
2000年、立教大学大学院観光学研究科博士前期課程終了
2003年、立教大学大学院観光学研究科博士後期課程単位取得満期退学
立教大学観光学部助手
2005年、財団法人日本交通公社客員研究員
2006年、香川大学経済学部
2018年、広島修道大学商学部
現在、広島修道大学商学部教授

主な著書に、
『観光地域調査法』（2016）、
『瀬戸内海観光と国際芸術祭』（2012）、
『瀬戸内圏の地域文化の発見と観光資源の創造』（2010）、
『地域観光の文化と戦略』（2010）、
『観光学へのアプローチ』（2009）、
『新しい観光の可能性』（2008）などがある。

これで使えるQGIS入門
地図データの入手から編集・印刷まで

2020年4月1日 初版第1刷発行
2022年2月28日 初版第3刷発行
（定価はカヴァーに表示してあります）

著 者 金 徳謙
発行者 中西 良
発行所 株式会社ナカニシヤ出版

〒606-8161 京都市左京区一乗寺木ノ本町15番地
TEL 075-723-0111 FAX 075-723-0095
http://www.nakanishiya.co.jp/

装幀＝白沢正
印刷・製本＝亜細亜印刷

＊落丁・乱丁本はお取替え致します。
Printed in Japan. ISBN978-4-7795-1435-7 C1036